CHEMIN DE FER DE LYON

AVEC

EMBRANCHEMENT D'AMBÉRIEU A MACON ET DE CULOZ A LA FRONTIÈRE SARDE

———— ⬥ ————

TARIFS SPÉCIAUX

HOMOLOGUÉS

1° MARCHANDISES A PETITE VITESSE
2° BILLETS D'ALLER ET RETOUR A PRIX RÉDUITS
3° TARIFS COMMUNS
4° FRAIS DIVERS

———— ⬥ ————

LYON

IMP. ET LITH. DE SENOC-RONET

CHEMIN DE FER DE LYON A GENÈVE

AVEC

EMBRANCHEMENT D'AMBÉRIEU A MACON ET DE CULOZ A LA FRONTIÈRE SARDE

TARIFS SPÉCIAUX

HOMOLOGUÉS

1° MARCHANDISES A PETITE VITESSE

2° BILLETS D'ALLER ET RETOUR

8° TARIFS COMMUNS

4° FRAIS DIVERS.

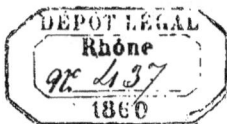

LYON

IMP. ET LITH. DE SENOCQ-RONET

rue Grenette, 31

1860

1° MARCHANDISES A PETITE VITESSE

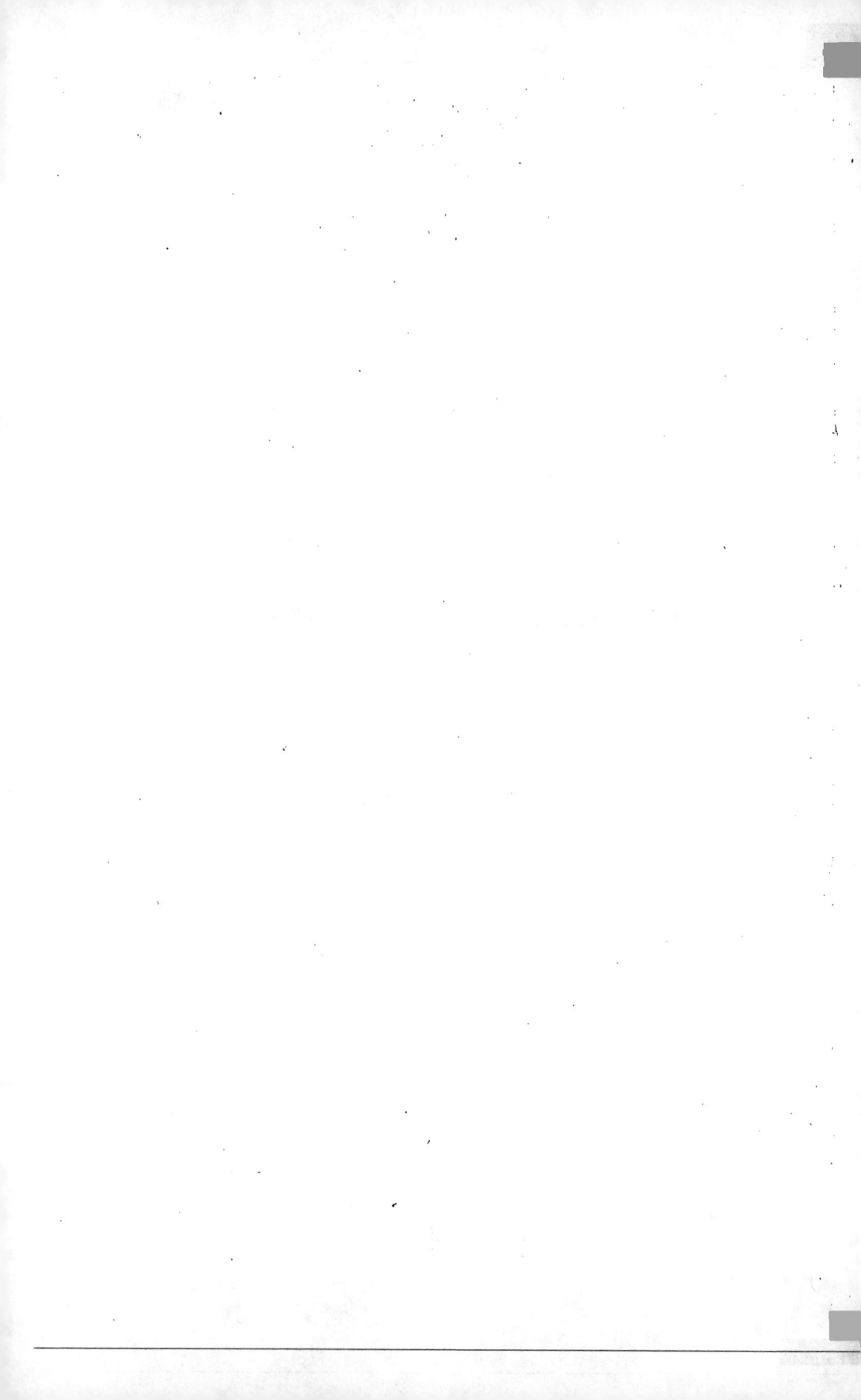

Bois en grume équarris ou en plateaux, Planches, Lattes, Liteaux, Madriers, Traverses, dont la longueur ne dépasse pas 6ᵐ,50, expédiés par wagon complet de 4,000 kilogrammes, d'une Gare quelconque à une autre Gare du réseau.

PRIX DE TRANSPORT

0 fr. 06 c. par tonne et par kilomètre, non compris les frais de chargement et de déchargement.

CONDITIONS

Pour les expéditions faites au présent Tarif, le délai est porté à 5 jours.

Tout wagon chargé de moins de 4,000 kilogrammes sera taxé pour 4,000 kilogrammes, à moins que l'Expéditeur n'ait avantage à payer les prix du Tarif général.

Au delà de 4,000 kilogrammes, l'excédant de poids, chargé sur chaque wagon, sera taxé au prix du présent Tarif et par fraction indivisible de 10 kilogrammes.

Le chargement et le déchargement seront faits par les soins et aux frais des Expéditeurs ou des Destinataires.

Dans le cas où la Compagnie aurait à faire ces deux opérations ou seulement l'une d'elles, elle aura droit à 0 f. 75 c. par 1,000 kilogrammes et par chaque opération.

Les Expéditeurs seront tenus d'adresser leur demande de matériel à la Compagnie 48 heures au moins à l'avance, et seront passibles d'une indemnité de 3 francs par wagon et par 24 heures indivisibles de retard, toutes les fois que le chargement ne sera pas terminé dans un délai maximum de 24 heures. Le déchargement des wagons devra également être opéré dans un délai de 24 heures après la réception de la lettre d'avis.

Passé ce délai, la Compagnie aura la faculté ou de faire décharger les wagons aux risques et périls du Destinataire, en percevant une taxe de 0 f. 075ᵐ par 100 kilog., alors même que la facture de transport indiquerait que le déchargement dût être fait par ce dernier, ou de laisser la Marchandise sur les wagons, en percevant un droit de stationnement de 3 francs par wagon et par 24 heures indivisibles de retard.

Les conditions du Tarif général de la Compagnie qui ne se trouvent pas modifiées par les dispositions qui précèdent, sont applicables aux transports qui font l'objet du présent Tarif.

Avis important

Les Expéditeurs auront toujours le choix entre les prix et conditions du présent Tarif et les prix et conditions du Tarif général.

Nota. Le présent Tarif ne fait pas obstacle à l'application du Tarif d'abonnement n° 1, qui restera en vigueur jusqu'au 19 mai 1859.

Homologué, à titre provisoire, par décision ministérielle du 29 avril 1859.

Nº 2.
(Tarif d'abonnement.)

Asphaltes en roches expédiés par Wagon complet de 4,000 kilog., de la station de *Pyrimont* sur les Gares du réseau.

PRIX DE TRANSPORT

0 franc 06 centimes par tonne et par kilomètre.

Nota. Pour les parcours intermédiaires compris entre *Pyrimont* et une station destinataire quelconque de la ligne de *Lyon à Genève*, la taxe ne pourra, dans aucun cas, être supérieure à celle qui résulterait de l'application du présent Tarif, à la distance entière comprise entre *Pyrimont* et la station destinataire.

CONDITIONS

Le prix du présent Tarif est fixé de Gare en Gare.

Les prix de transport résultant de l'application des bases ci-dessus sont perçus par fraction indivisible de 10 kilog.

Ces prix sont immédiatement appliqués.

Tout wagon chargé de moins de 4,000 kilog. sera taxé pour 4,000 kilog., à moins que l'Expéditeur n'ait avantage à payer les prix du Tarif général.

Au delà de 4,000 kilog., l'excédant de poids, chargé sur chaque wagon, sera taxé au prix du présent Tarif et par fraction indivisible de 10 kilog.

Le chargement devra toujours être opéré par les Expéditeurs; la Compagnie tiendra compte pour cette manutention de 0 f. 75 c. par tonne, lesquels viendront en déduction de la somme totale à payer.

Le déchargement sera fait par les soins et aux frais du Destinataire.

Les Expéditeurs seront tenus d'adresser leur demande de matériel à la Compagnie 48 heures au moins à l'avance, et seront passibles d'une indemnité de 3 francs par wagon et par 24 heures indivisibles de retard, toutes les fois que le chargement des wagons mis à leur disposition ne sera pas terminé dans un délai maximum de 24 heures. Le déchargement des wagons devra également être opéré dans un délai maximum de 24 heures après la réception de la lettre d'avis.

Passé ce délai, la Compagnie aura la faculté de faire décharger les wagons aux risques et périls du Destinataire, en percevant une taxe de 0 f. 75 c. par 1,000 kilog., alors même que la facture de transport indiquerait que le déchargement dût être fait par ce dernier, ou de laisser la Marchandise sur les wagons en percevant un droit de stationnement de 3 francs par wagon et par 24 heures indivisibles de retard.

Pour jouir du présent Tarif, les Expéditeurs doivent prendre vis-à-vis de la Compagnie, pour un an, et pour les Marchandises ci-dessus désignées, l'engagement de lui remettre la totalité des transports, dont ils auront la libre disposition, toutes les fois que ces transports seront en provenance ou à destination des points desservis directement ou indirectement par le chemin de fer de Lyon à Genève.

Dans le cas où l'engagement pris par les Abonnés de remettre exclusivement tous leurs transports au chemin de fer ne serait pas observé, de même que dans le cas où ils feraient profiter des tiers non abonnés des conditions de ce Tarif, le présent engagement sera annulé de plein droit sous réserve de tous dommages et intérêts à réclamer par la Compagnie.

Les Abonnés seront tenus d'ailleurs de se conformer à tous les Règlements et Ordres de service de la Compagnie, de même qu'aux conditions ordinaires du Tarif général qui ne se trouvent pas modifiées par le présent Tarif.

Si par un fait complètement indépendant de la volonté de la Compagnie, l'exécution de ce Tarif se trouvait entravée, la résiliation serait pure et simple et ne donnerait lieu à aucune indemnité.

Avis important

Les Expéditeurs auront toujours le choix entre les prix et conditions du présent Tarif et les prix et conditions du Tarif général.

Homologué, à titre provisoire, par décision ministérielle du 29 mai 1858.

Transport à petite vitesse dans un **Wagon à Bestiaux de 4 Chevaux au moins et 6 au plus**, entre les Gares ayant des quais d'embarquement (*Lyon* (St-Clair), *Montluel, Meximieux, Ambérieu, Rossillon, Culoz, Seyssel, Bellegarde, Genève, Pont-d'Ain, Bourg et Mâcon*).

PRIX DE TRANSPORT

0 franc 08 centimes par cheval et par kilomètre.

CONDITIONS

Le présent Tarif n'est consenti qu'à la condition que la Compagnie sera exonérée de toute responsabilité pour les accidents qui pourraient survenir en cours de transport, sauf ceux résultant de son fait.

Il ne sera rien perçu pour le chargement et le déchargement des chevaux, lorsque ces deux opérations seront faites par les soins des conducteurs.

Dans le cas où la Compagnie aurait à faire ces deux opérations ou seulement l'une d'elles, elle aura droit à 0 f. 50 c. par cheval et par chaque opération.

Un permis de circulation sera accordé pour un wagon de chevaux, deux permis pour une expédition de deux wagons faite par le même Expéditeur. Ce nombre de permis ne pourra jamais être augmenté, quelle que soit l'importance des expéditions.

Ces permis seront valables pour le retour.

Il n'est rien changé aux conditions du Tarif général qui ne se trouvent pas modifiées par le présent Tarif.

Avis important

Les Expéditeurs auront toujours le choix entre les prix et conditions du présent Tarif et les prix et conditions du Tarif général.

Homologué par décision ministérielle du 20 mai 1858.

Avoine en sacs. — Betteraves en vrac (¹). — Blés. — Céréales en sacs. — Farine. — Haricots secs. — Lentilles. — Maïs. — Marrons et Châtaignes. — Orges. — Pommes de terre en vrac (¹), en sacs ou en tonneaux. — Seigles. — Son et Issues en sacs, d'une Gare quelconque à une autre Gare du réseau.

PRIX DE TRANSPORT

0 f. 08 c. par tonne et par kil. non compris les frais de chargement et de déchargement.

CONDITIONS

Pour les expéditions faites au présent Tarif, le délai d'expédition est porté à 4 jours.

(1) Les pommes de terre et les betteraves en vrac ne sont reçues que par expédition de 5,000 kilog. au moins. Les expéditions inférieures à 5,000 kilog. seront taxées pour ce poids, s'il y a avantage pour l'Expéditeur.

Le chargement est fait par l'Expéditeur et le déchargement par le Destinataire. Lorsque la Compagnie fera ces deux opérations ou seulement l'une d'elles, elle aura droit à 0 f. 75 c. par 1,000 kilog. et par chaque opération.

La Compagnie ne répond pas des avaries de route.

Le Destinataire doit avoir complété l'enlèvement dans un délai de 24 heures après la réception de la lettre d'avis, à défaut de quoi la Marchandise sera, au choix de la Compagnie, ou mise à terre aux frais, risques et périls du Destinataire, et le magasinage perçu à raison de 2 c. par jour et par fraction indivisible de 100 kilog., ou laissée sur les wagons, et il sera perçu un droit de stationnement de 10 c. par jour de retard et par fraction indivisible de 100 kilog.

Avis important

Les Expéditeurs auront toujours le choix entre les prix et conditions du présent Tarif et les prix et conditions du Tarif général.

Le présent Tarif annule et remplace le Tarif spécial homologué le 5 juin 1858, pour le transport des mêmes Marchandises en provenance ou à destination des Gares de Lyon et de Mâcon.

Homologué par décision ministérielle du 19 novembre 1858.

Ciments, Chaux et Plâtre cru ou cuit en sacs ou en tonneaux, expédiés par wagon complet de 5,000 kilogrammes au moins, d'une Gare quelconque à une autre Gare de la ligne.

PRIX DE TRANSPORT

0 fr. 06 c. par tonne et par kilomètre, pour les parcours de 100 kilomètres et au-dessous, sans que la taxe, frais de manutention non compris, puisse excéder 5 fr. par tonne.

0 fr. 05 c. par tonne et par kilomètre, pour les parcours au-dessus de 100 kilomètres.

CONDITIONS

Pour les expéditions faites au présent Tarif, le délai est porté à 5 jours.

Les Ciments, Chaux et Plâtre ne sont reçus que par wagon complet de 5,000 kilogrammes au minimum. Tout wagon chargé de moins de 5,000 kilog. sera taxé pour ce poids, à moins que l'Expéditeur n'ait avantage à payer les prix du Tarif général.

Au delà de 5,000 kilogrammes, l'excédant de poids, chargé sur chaque wagon, sera taxé au prix du présent Tarif et par fraction indivisible de 10 kilogrammes.

La Compagnie ne répond pas des déchets et avaries de route.

Le chargement et le déchargement sont faits par les soins et aux frais des Expéditeurs ou des Destinataires.

Lorsque la Compagnie fera ces deux opérations ou seulement l'une d'elles, elle percevra 0 f. 75 c. par 1,000 kilogrammes et par chaque opération.

Les Expéditeurs seront tenus d'adresser leur demande de matériel à la Compagnie 48 heures au moins à l'avance, et seront passibles d'une indemnité de 3 fr. par wagon et par 24 heures indivisibles de retard, toutes les fois que le chargement des wagons mis à leur disposition ne sera pas terminé dans un délai maximum de 24 heures. Le déchargement des wagons devra également être opéré dans un délai maximum de 24 heures, après la réception de la lettre d'avis.

Passé ce délai, la Compagnie aura la faculté de faire décharger les wagons aux risques et périls du Destinataire, en percevant une taxe de 0 fr. 075m par 100 kilogrammes, alors même que la facture de transport indiquerait que le déchargement dût être fait par ce dernier, ou de laisser la Marchandise sur les wagons, en percevant un droit de stationnement de 3 fr. par wagon et par 24 heures indivisibles de retard.

Les conditions du Tarif général de la Compagnie qui ne se trouvent pas modifiées par les dispositions qui précèdent, sont applicables aux transports qui font l'objet du présent Tarif.

Avis important

Les Expéditeurs auront toujours le choix entre les prix et conditions du présent Tarif et les prix et conditions du Tarif général.

Homologué, à titre provisoire, par décision ministérielle du 6 juillet 1859.

Cailloux. — Carreaux en dalles de pierres. — Carreaux en terre cuite. — Carreaux de ciment. — Granit. — Graviers. — Moëllons. — Pavés. — Pierres à chaux. — Pierres de tailles brutes ou légèrement ébauchées, par expédition de 5,000 kilog. au minimum, ou en payant pour ce poids s'il y a avantage pour l'Expéditeur, *d'une Gare quelconque à toutes les autres Gares de la ligne.*

PRIX DE TRANSPORT

0 f. 05 c. par tonne et par kilomètre, plus 1 f. 50 c. par tonne
pour frais de chargement et de déchargement, pour les parcours de 100 kilomètres
et au-dessous, sans que la taxe, frais de manutention compris, puisse
excéder 4 fr. par tonne.

0 f. 04 c. par tonne et par kilomètre, frais de manutention compris, pour les
parcours au-dessus de 100 kilomètres.

NOTA. Pour les parcours de plus de 100 kilomètres, les frais de manutention sont compris dans les prix ci-dessus pour les pierres dont le poids n'excèdera pas 1,000 kil. Pour les pierres dont le poids excèdera 1,000 kilogrammes, les frais de manutention sont fixés comme il suit :

Pierres de 1001 à 2000 inclusivement	1 »	
Id. 2001 à 3000 id. . .	1 50	par tonne.
Id. 3001 et au-dessus . . .	2 »	

CONDITIONS

Le présent Tarif s'appliquera aux pierres pesant jusqu'à 6,000 kilog. seulement. Le transport des pierres pesant plus de 3,000 kilog. ne sera accepté que de et pour les gares pourvues de grues d'une force suffisante. Les gares actuellement pourvues de grues d'une force de 6,000 kilog. sont celles de *Lyon* (St-Clair), *Ambérieu, St-Rambert, Rossillon, Seyssel, Bellegarde, Genève, Pont-d'Ain et Bourg.*

Pour les expéditions faites au présent Tarif, le délai d'expédition est porté à 8 jours. La Compagnie ne répond pas des avaries de route. Le magasinage ne sera perçu qu'à dater du dixième jour de l'arrivée en gare.

Avis important

Les Expéditeurs auront toujours le choix entre les prix et conditions du présent Tarif et les prix et conditions du Tarif général.

Homologué, à titre provisoire, le 18 janvier 1859.

Goudron minéral et Minerais de fer expédiés par wagon complet de 5,000 kilogrammes au moins, d'une Gare quelconque à une autre Gare de la ligne.

PRIX DE TRANSPORT

0 fr. 05 c. par tonne et par kilomètre, non compris les frais de chargement et de déchargement.

CONDITIONS

Pour les expéditions faites au présent Tarif, le délai d'expédition est porté à 5 jours.

Tout wagon chargé de moins de 5,000 kilogrammes sera taxé pour 5,000 kilogrammes, à moins que l'Expéditeur n'ait avantage à payer le prix du Tarif général. Au delà de 5,000 kilogrammes, l'excédant de poids, chargé sur chaque wagon, sera taxé au prix du présent Tarif et par fraction indivisible de 10 kilogrammes.

La Compagnie ne répond pas des déchets et avaries de route.

Le chargement et le déchargement sont faits par les soins et aux frais des Expéditeurs ou des Destinataires.

Lorsque la Compagnie fera ces deux opérations ou seulement l'une d'elles, elle percevra 0 f. 75 c. par 1,000 kilog. et par chaque opération.

Les Expéditeurs seront tenus d'adresser leur demande de matériel à la Compagnie 48 heures au moins à l'avance, et seront passibles d'une indemnité de 3 fr. par wagon et par 24 heures indivisibles de retard, toutes les fois que le chargement des wagons mis à leur disposition ne sera pas terminé dans un délai maximum de 24 heures.

Le déchargement des wagons devra également être opéré dans un délai maximum de 24 heures, après la réception de la lettre d'avis.

Passé ce délai, la Compagnie aura la faculté de faire décharger les wagons aux risques et périls du Destinataire, en percevant une taxe de 0 f. 075m par 100 kilogrammes, alors même que la facture de transport indiquerait que le déchargement dût être fait par ce dernier, ou de laisser la Marchandise sur les wagons, en percevant un droit de stationnement de 3 fr. par wagon et par 24 heures indivisibles de retard.

Les conditions du Tarif général de la Compagnie qui ne se trouvent pas modifiées par les dispositions qui précèdent, sont applicables aux transports qui font l'objet du présent Tarif.

Avis important

Les Expéditeurs auront toujours le choix entre les prix et conditions du présent Tarif et les prix et conditions du Tarif général.

Homologué, à titre provisoire, par décision ministérielle du 6 juillet 1859.

Charbons de bois en sacs ou en vrac, d'une Gare quelconque à une autre Gare du réseau.

PRIX DE TRANSPORT

0 f. 08 c. par tonne et par kilomètre, non compris les frais de chargement et de déchargement.

CONDITIONS

Pour les expéditions faites au présent Tarif, le délai d'expédition est porté à 5 jours.

Les charbons de bois en vrac ne sont reçus que par wagons complets de 3,000 kilog. au moins. Tout wagon complet chargé de moins de 3,000 kilog. sera taxé pour ce poids, à moins que l'Expéditeur n'ait avantage à payer le prix du Tarif général.

Le chargement et le déchargement seront faits par les soins et aux frais des Expéditeurs ou des Destinataires.

Dans le cas où la Compagnie aurait à faire ces deux opérations ou seulement l'une d'elles, elle aura droit à 0 f. 75 c. par 1,000 kilog. et par chaque opération.

Les Expéditeurs seront tenus d'adresser leur demande de matériel à la Compagnie 48 heures au moins à l'avance, et seront passibles d'une indemnité de 3 francs par wagon et par 24 heures indivisibles de retard, toutes les fois que le chargement des wagons mis à leur disposition ne sera pas terminé dans un délai maximum de 24 heures. Le déchargement des wagons devra également être opéré dans un délai maximum de 24 heures, après la réception de la lettre d'avis.

Passé ce délai, la Compagnie aura la faculté de faire décharger les wagons aux risques et périls du Destinataire, en percevant une taxe de 0 f. 075m par 100 kilog., alors même que la facture de transport indiquerait que le déchargement dût être fait par ce dernier, ou de laisser la Marchandise sur les wagons en percevant un droit de stationnement de 3 francs par wagon et par 24 heures indivisibles de retard.

Les conditions du Tarif général de la Compagnie qui ne se trouvent pas modifiées par les dispositions qui précèdent, sont applicables aux transports qui font l'objet du présent Tarif.

Avis important

Les Expéditeurs auront toujours le choix entre les prix et conditions du présent Tarif et les prix et conditions du Tarif général.

Homologué, à titre provisoire, par décision ministérielle du 27 avril 1859.

Acides citrique, hydrochlorique, minéral, nitrique, oléique, sulfurique et tartrique expédiés par Wagon complet de 4,000 kilogrammes, d'une Gare quelconque à toutes les autres Gares de la ligne.

PRIX DE TRANSPORT

0 f. 12 c. par tonne et par kilomètre, non compris les frais de chargement et de déchargement.

CONDITIONS

Pour les expéditions faites au présent Tarif, le délai est porté à 4 jours.

La Compagnie ne répond pas des avaries et déchets de route.

Tout wagon chargé de moins de 4,000 kilog. sera taxé pour 4,000 kilog., à moins que l'Expéditeur n'ait avantage à payer les prix du Tarif général.

Au delà de 4,000 kilog., l'excédant de poids, chargé sur chaque wagon, sera taxé au prix du présent Tarif et par fraction indivisible de 10 kilog.

Le chargement et le déchargement seront faits par les soins et aux frais des Expéditeurs ou des Destinataires.

Dans le cas où la Compagnie aurait à faire ces deux opérations ou seulement l'une d'elles, elle aura droit à 0 f. 75 c. par 1,000 kilog. et par chaque opération.

L'application de ce Tarif reste soumise aux conditions du Tarif général en tout ce qui n'est pas contraire aux présentes conditions.

Avis important

Les Expéditeurs auront toujours le choix entre les prix et conditions du présent Tarif et les prix et conditions du Tarif général.

Homologué par décision ministérielle du 27 juillet 1858.

Feuilles de Maïs expédiées des Gares de *Mâcon*, *Pont-de-Veyle*, *Vonnas*, *Mézériat, Polliat et Bourg sur Lyon et Genève.*

PRIX DE TRANSPORT

0 f. 08 c. par tonne et par kilomètre, non compris les frais de chargement et de déchargement.

NOTA. Pour les parcours intermédiaires compris entre les stations dénommées ci-dessus, la taxe ne pourra, dans aucun cas, être supérieure à celle qui résulterait de l'application du prix de 0 f. 08 c. à la distance entière, depuis la dernière station dénommée, située avant le lieu de départ, jusqu'à Lyon ou Genève selon le cas, si cette taxe, ainsi calculée, est plus avantageuse pour les Expéditeurs que celle du Tarif général.

CONDITIONS

Pour les expéditions faites au présent Tarif, le délai est porté à 5 jours.

Le chargement et le déchargement seront faits par les soins et aux frais des Expéditeurs et des Destinataires.

Dans le cas où la Compagnie aurait à faire ces deux opérations ou seulement l'une d'elles, elle percevra une taxe de 0 f. 75 c. par 1,000 kilog. et par chaque opération.

Le Destinataire devra avoir complété l'enlèvement dans les 24 heures, après la réception de la lettre d'avis, à défaut de quoi la Marchandise sera, au choix de la Compagnie, ou mise à terre aux frais, risques et périls du Destinataire, en percevant une taxe de 0 f. 75 c. par 1,000 kilog., alors même que la facture de transport indiquerait que le déchargement dût être fait par ce dernier, ou laissée sur les wagons, en percevant un droit de stationnement de 2 f. par wagon et par 24 heures indivisibles de retard.

L'application de ce Tarif reste soumise aux conditions du Tarif général en tout ce qui n'est pas contraire aux présentes conditions.

Avis important

Les Expéditeurs auront toujours le choix entre les prix et conditions du présent Tarif et les prix et conditions du Tarif général.

Homologué par décision ministérielle du 30 juillet 1858.

Fourrages verts ou secs non pressés expédiés par Wagon complet de 3,000 kilog. au minimum, d'une Gare quelconque à toutes les autres Gares de la ligne.

PRIX DE TRANSPORT

0 f. 12 c. par tonne et par kilomètre, non compris les frais de chargement et de déchargement.

CONDITIONS

Pour les expéditions faites au présent Tarif, le délai est fixé à 5 jours.

Le chargement et le déchargement seront faits par les Expéditeurs et les Destinataires ; dans le cas où la Compagnie aurait à faire ces deux opérations ou seulement l'une d'elles, elle percevra une taxe de 0 f. 75 c. par 1,000 kilog. pour chaque opération.

Tout wagon chargé de moins de 3,000 kilog. sera taxé pour 3,000 kilog., à moins que l'Expéditeur n'ait avantage à payer les prix du Tarif général.

Au delà de 3,000 kilog., l'excédant de poids, chargé sur chaque wagon, sera taxé au prix du présent Tarif et par fraction indivisible de 10 kilog.

L'application de ce Tarif reste soumise aux conditions du Tarif général en tout ce qui n'est pas contraire aux présentes conditions.

Avis important

Les Expéditeurs auront toujours le choix entre les prix et conditions du présent Tarif et les prix et conditions du Tarif général.

Homologué par décision ministérielle du 30 juillet 1858.

Animaux, Instruments et Produits envoyés aux Concours agricoles.

PRIX DE TRANSPORT

Animaux.

Bœufs, Vaches, Taureaux, Anes, Mulets et autres Bêtes de trait	0 f. 05	} Par Tête
Veaux et Porcs	0 02	} et par
Moutons, Chèvres, Brebis et Agneaux	0 005	} Kilomètre.

Instruments et Produits :

La moitié des prix fixés par les Tarifs ordinaires.

CONDITIONS

Pour avoir droit au bénéfice de ces prix réduits qui sont également applicables au retour, les Expéditeurs devront présenter un certificat délivré par le Ministère de l'agriculture, du commerce et des travaux publics.

Homologué par décision ministérielle du 31 juillet 1858.

Lignites expédiés par Wagon complet de 6,000 kilog. des Gares de *Pont-d'Ain, Ambronay, Ambérieu et Meximieux*, sur les Gares de *St-Rambert, Montluel, Miribel et Lyon* (St-Clair).

PRIX DE TRANSPORT

0 f. 04 c. par tonne et par kilomètre, non compris les frais de chargement et de déchargement.

NOTA. Pour les parcours intermédiaires compris entre les stations dénommées ci-dessus, la taxe ne pourra, dans aucun cas, être supérieure à celle qui résulterait de l'application du prix de 0 f. 04 c, à la distance entière, depuis la dernière station dénommée située avant le lieu de départ, jusqu'à la première station dénommée située après le lieu de destination, si la taxe, ainsi calculée, est plus avantageuse pour les Expéditeurs que celle du Tarif général.

CONDITIONS

Pour les expéditions faites au présent Tarif, le délai d'expédition est porté à 4 jours.

Les lignites ne seront reçus que par expédition de 6,000 kilog. au moins. Les expéditions inférieures à 6,000 kilog. seront taxées pour ce poids, s'il y a avantage pour l'Expéditeur.

Le chargement est fait par l'Expéditeur et le déchargement par le Destinataire. Lorsque la Compagnie fera ces deux opérations ou seulement l'une d'elles, elle aura droit à 0 f. 75 c. par 1,000 kilog. et par chaque opération.

La Compagnie ne répond pas des avaries de route.

Le Destinataire doit avoir complété l'enlèvement dans un délai de 24 heures après la réception de la lettre d'avis, à défaut de quoi la Marchandise sera, au choix de la Compagnie, ou mise à terre aux frais, risques et périls du Destinataire, et le magasinage perçu à raison de 2 c. par jour et par fraction indivisible de 100 kilog., ou laissée sur les wagons, et il sera perçu un droit de stationnement de 10 c. par jour de retard et par fraction indivisible de 100 kilog.

Avis important

Les Expéditeurs auront toujours le choix entre les prix et conditions du présent Tarif et les prix et conditions du Tarif général.

Homologué par décision du 3 août 1858.

PRODUITS MÉTALLURGIQUES DESTINÉS A L'EXPORTATION :

Coussinets. — Chevillettes de rails en tonneaux. — Eclisses pour jonctions de rails. — Boulons d'éclisses de rails. — Essieux montés. — Essieux bruts non montés. — Essieux droits ou coudés. — Fers en barres et en feuilles. — Pièces de pont. — Rails. — Tôles fortes, par expédition de 5,000 kilogrammes au moins, ou en payant comme 5,000 kilogrammes, des Gares de *Mâcon* et *Lyon-Guillotière* en destination de *Genève*.

Prix par 1,000 kilogrammes

Frais de manutention non compris.

DES GARES CI-CONTRE A LA GARE CI-APRÈS.	MACON		LYON-GUILLOTIÈRE			
			Gare		Aiguille de raccordement	
	DISTANCE	PRIX	DISTANCE	PRIX	DISTANCE	PRIX
	kilom.	f. .c.	kilom.	f. c.	kilom.	f. c.
Genève	185	12 95	169	11 85	167	11 90

Nota. Le prix calculé de l'aiguille de raccordement comprend le droit de Gare de 0 f. 20 c. par tonne.

Pour les parcours intermédiaires compris soit entre *Lyon-Guillotière* et *Genève*, soit entre *Mâcon* et *Genève*, la taxe des produits métallurgiques expédiés dans les conditions ci-dessus ne pourra, en aucun cas, être supérieure à celle qui est indiquée au présent Tarif pour la distance entière, soit de *Lyon-Guillotière* (Gare), soit de *Mâcon* à *Genève*.

CONDITIONS

Pour les expéditions faites au présent Tarif, les délais sont portés à 6 jours.

Le chargement est fait par l'Expéditeur et le déchargement par le Destinataire. Lorsque la Compagnie fera ces deux opérations ou seulement l'une d'elles, elle percevra une taxe de 0 f. 75 c. par 1,000 kilogrammes et pour chaque opération.

Le Destinataire doit avoir complété l'enlèvement dans un délai de 24 heures après la réception de la lettre d'avis, à défaut de quoi la Marchandise sera, au choix de la Compagnie, ou mise à terre aux frais, risques et périls du Destinataire, et le magasinage perçu à raison de 0 fr. 02 c. par jour et par fraction indivisible de 100 kilog., ou laissée sur les wagons, et il sera perçu un droit de stationnement de 0 fr. 10 c. par jour de retard et par fraction indivisible de 100 kilogrammes.

Avis important

Les Expéditeurs auront toujours le choix entre les prix et conditions du présent Tarif et les prix et conditions du Tarif général.

Homologué, à titre provisoire, par décision ministérielle du 29 juin 1859.

Cendres lessivées ou crues, Suies et autres Engrais expédiés par Wagon complet de 6,000 à 8,000 kilog., de *Genève* à une Gare quelconque du réseau.

PRIX DE TRANSPORT

0 f. 04 c. par tonne et par kilomètre, non compris les frais de chargement et de déchargement.

NOTA. Pour les parcours intermédiaires compris entre Genève et une station destinataire quelconque du réseau, la taxe ne pourra, dans aucun cas, être supérieure à celle qui résulterait de l'application du prix de 0 f. 04 c., si l'expédition était faite de Genève.

CONDITIONS

Pour les expéditions faites au présent Tarif, le délai est porté à 5 jours.

Les Cendres, Suies et autres Engrais ne seront reçus que par expédition de 6 à 8,000 kilog., c'est-à-dire par wagon complet.

Les expéditions inférieures à 6,000 kilog. seront taxées pour ce poids, s'il y a avantage pour l'Expéditeur.

Le chargement est fait par l'Expéditeur et le déchargement par le Destinataire; lorsque la Compagnie fera ces deux opérations ou seulement l'une d'elles, elle aura droit à 0 f. 75 c. par 1,000 kilog. et par chaque opération.

La Compagnie ne répond pas des avaries de route.

Le Destinataire doit avoir complété l'enlèvement dans un délai de 24 heures après la réception de la lettre d'avis, à défaut de quoi, la Marchandise sera, au choix de la Compagnie, mise à terre aux frais, risques et périls du Destinataire, et le magasinage perçu à raison de 2 c. par jour et par fraction indivisible de 100 kilog., ou laissée sur les wagons, et il sera perçu un droit de stationnement de 10 c. par chaque jour de retard et par fraction indivisible de 100 kilog.

Avis important

Les Expéditeurs auront toujours le choix entre les prix et conditions du présent Tarif et les prix et conditions du Tarif général.

Homologué par décision ministérielle du 24 septembre 1858.

Houilles et Cokes expédiés par Wagon complet de 6,000 kilogrammes au minimum, des Gares de *Mâcon et Lyon* aux Gares de *Culoz*, *Seyssel*, *Pyrimont*, *Bellegarde*, *Collonges*, *Chancy*, *La Plaine* et de *Genève*.

PRIX DE TRANSPORT

DE LA GARE DE LYON AUX GARES ci-dessous.	DISTANCES kilométriques.	PRIX par 1,000 kilog. non compris les frais de chargement et de déchargement.	DE LA GARE DE MACON AUX GARES ci-dessous.	DISTANCES kilométriques.	PRIX par 1,000 kilog. non compris les frais de chargement et de déchargement.
	KILOM.	F. C.		KILOM.	F. C.
Culoz	93	6 50	Culoz	119	8 35
Seyssel	108	7 55	Seyssel	134	9 40
Pyrimont	115	8 05	Pyrimont	140	9 80
Bellegarde	126	8 80	Bellegarde	152	10 65
Collonges	137	9 60	Collonges	162	11 10
Chancy	140	9 60	Chancy	165	11 10
La Plaine	143	9 60	La Plaine	170	11 10
Genève	160	9 60	Genève	185	11 10

NOTA. Pour les parcours intermédiaires compris entre les stations dénommées ci-dessus, la taxe ne pourra, dans aucun cas, être supérieure à celle qui résulterait de l'application du prix de 0 f. 07 c. à la distance entière, depuis la dernière station dénommée située avant le lieu de départ, jusqu'à la première station dénommée située après le lieu de destination, si la taxe, ainsi calculée, est plus avantageuse pour les Expéditeurs que celle du Tarif général.

CONDITIONS

Pour les expéditions faites au présent Tarif le délai d'expédition est porté à 5 jours.

Les frais de transport résultant de l'application des bases ci-dessus sont perçus par fraction indivisible de 10 kilog.

Tout wagon chargé de moins de 6,000 kilog. sera taxé pour 6,000 kilog., à moins que l'Expéditeur n'ait avantage à payer le prix du Tarif général.

Au delà de 6,000 kilog., l'excédant de poids, chargé sur chaque wagon, sera taxé au prix du présent Tarif et par fraction indivisible de 10 kilog.

Le chargement et le déchargement seront faits par les soins et aux frais des Expéditeurs ou des Destinataires.

Dans le cas où la Compagnie aurait à faire ces deux opérations ou seulement l'une d'elles, elle aura droit à 0 f. 75 c. par 1,000 kilog. et par chaque opération.

La Compagnie ne répond pas des déchets de route.

Le Destinataire doit avoir complété l'enlèvement dans les 24 heures, après la réception de la lettre d'avis, à défaut de quoi, la Marchandise sera, au choix de la Compagnie, ou mise à terre aux frais, risques et périls du Destinataire, et le magasinage perçu à raison de 2 c. par jour et par fraction indivisible de 100 kilog., ou laissée sur les wagons, et il sera perçu un droit de stationnement de 10 c. par jour de retard et par fraction indivisible de 100 kilog.

Avis important

Les Expéditeurs auront toujours le choix entre les prix et conditions du présent Tarif et les prix et conditions du Tarif général.

Homologué par décision ministérielle du 24 septembre 1858.

Houilles et Cokes expédiés par wagon complet de 6,000 kilogrammes au minimum, de la Gare de *Lyon-Guillotière* aux Gares de *Bourg, Polliat, Mézériat, Vonnas* et *Pont-de-Veyle.*

Prix de Transport par 1,000 kilogrammes de Gare en Gare

(Frais de chargement et de déchargement compris).

DE LA GARE CI-CONTRE aux GARES CI-APRÈS.	LYON-GUILLOTIÈRE.			
	Aiguille de raccordement.		GARE.	
	Distances.	Prix.	Distances.	Prix.
	KILOM.	F. C.	KILOM.	F. C.
BOURG.	82		84	
POLLIAT	92		93	
MÉZÉRIAT	98	5 95	99	5 90
VONNAS	102		104	
PONT-DE-VEYLE	111		113	

Les prix calculés de l'aiguille de raccordement comprennent le droit de Gare de 0 f. 20 c. par tonne.

NOTA. Les Houilles et Cokes expédiés de ou pour une station non dénommée ci-dessus, comprise entre deux stations dénommées, jouiront du bénéfice du présent Tarif en payant pour la distance entière, depuis la dernière station dénommée située avant le lieu de départ, jusqu'à la première station dénommée située après le lieu de destination, si la taxe, ainsi calculée, est plus avantageuse pour les Expéditeurs que celle du Tarif général.

CONDITIONS

Pour les expéditions faites au présent Tarif, le délai d'expédition est porté à 5 jours.

Tout wagon chargé de moins de 6,000 kilog. sera taxé pour 6,000 kilog., à moins que l'Expéditeur n'ait avantage à payer le prix du Tarif général.

Au delà de 6,000 kilog., l'excédant de poids, chargé sur chaque wagon, sera taxé au prix du présent Tarif et par fraction indivisible de 10 kilog.

Le chargement et le déchargement seront faits par les soins et aux frais des Expéditeurs ou des Destinataires. Dans le cas où la Compagnie aurait à faire ces deux opérations ou seulement l'une d'elles, elle aura droit à 0 f. 75 c. par 1,000 kilog. et par chaque opération.

La Compagnie ne répond pas des déchets et avaries de route.

Le Destinataire doit avoir complété l'enlèvement dans les 24 heures après la réception de la lettre d'avis, à défaut de quoi la Marchandise sera, au choix de la Compagnie, ou mise à terre aux frais, risques et périls du Destinataire, et le magasinage perçu à raison de 0 f. 02 c. par jour et par fraction indivisible de 100 kilog., ou laissée sur les wagons, et il sera perçu un droit de stationnement de 0 f. 10 c. par jour de retard et par fraction indivisible de 100 kilog.

Les conditions du Tarif général de la Compagnie qui ne se trouvent pas modifiées par les dispositions qui précèdent, sont applicables aux transports qui font l'objet du présent Tarif.

Avis important

Les Expéditeurs auront toujours le choix entre les prix et conditions du présent Tarif et les prix et conditions du Tarif général.

Homologué, à titre provisoire, par décision ministérielle du 27 avril 1859.

EMBALLAGES EN RETOUR

DÉSIGNATION DES MARCHANDISES.	PRIX DE TRANSPORT.
Sacs vides. — Toile d'emballage. — Cadres démontés. — Harasses et Paniers vides en retour.	Les sacs vides, Toiles d'emballage, Cadres démontés, Harasses et Paniers vides, ayant contenu des Marchandises transportées par le Chemin de fer, ne seront soumis au retour qu'à la perception des droits d'enregistrement et de timbre, soit 0 f. 45 c. par expédition.

CONDITIONS

La Compagnie se réserve, en ce cas, le droit d'effectuer à sa convenance, mais sans tour de faveur, entre les Expéditeurs de la même catégorie, le transport de ces emballages, en se faisant produire par l'Expéditeur la Lettre de voiture primitive constatant que ces emballages ont réellement contenu des Marchandises transportées par le Chemin de Fer.

Homologué par décision ministérielle du 17 novembre 1858.

Bouteilles vides. — Cruchons vides. — Dames-jeannes. — Verres à vitres. — Eaux minérales et Limonades gazeuses, en vrac ou en cadres, par expédition de 5,000 kilog. au moins, d'une Gare quelconque à toutes les autres Gares de la ligne.

PRIX DE TRANSPORT

0 f. 08 c. par tonne et par kilomètre, plus 1 f. 50 c. pour frais de chargement et de déchargement.

Nota. Les expéditions inférieures à 5,000 kilogrammes sont taxées pour ce poids, s'il y a avantage pour l'Expéditeur.

Le chargement et le déchargement des Marchandises expédiées en vrac seront faits par les soins et aux frais des Expéditeurs ou des Destinataires ; dans ce cas, il ne sera rien ajouté au prix de transport pour frais de manutention. Si la Compagnie faisait ces deux opérations ou seulement l'une d'elles, elle aurait droit à 0 f. 75 c. par tonne et par opération.

Sur la demande des Expéditeurs, la Compagnie se chargera de la fourniture des cadres ; dans ce cas elle percevra une taxe de 1 f. 50 par tonne pour location.

CONDITIONS

Pour les expéditions faites au présent Tarif, le délai d'expédition est porté à 3 jours.

La Compagnie ne répond pas des déchets et avaries de route.

Le Destinataire devra avoir complété l'enlèvement dans les 24 heures après la réception de la lettre d'avis, à défaut de quoi la Marchandise sera, au choix de la Compagnie, ou mise à terre aux frais, risques et périls du Destinataire, et le magasinage perçu à raison de 0 f. 02 c. par jour et par fraction indivisible de 100 kilog., ou laissée sur les wagons, et il sera perçu un droit de stationnement de 0 f. 10 c. par jour de retard et par fraction indivisible de 100 kilog.

Avis important

Les Expéditeurs auront toujours le choix entre les prix et conditions du présent Tarif et les prix et conditions du Tarif général.

Homologué, à titre provisoire, par décisions ministérielles des 28 décembre 1858 et 27 avril 1859.

Transport de certaines Marchandises au départ de MACON et en destination de GENÈVE.

DÉSIGNATION DES MARCHANDISES :

1re SÉRIE. — Bois de réglisse. — Cacao. — Café. — Calicots écrus. — Chicorée. — Elastiques (ressorts pour meubles). — Emeri. — Gruau. — Huiles non dénommées en caisses ou en paniers. — Lits en fer. — Pelures de cacao. — Raisins secs en caisses. — Raisiné. — Suc de réglisse. — Sucres raffinés en caisses, en fûts, ou emballés en cadres. — Sucres vergeoises en caisses, en fûts, ou emballés en cadres. — Tabacs en feuilles.

2e SÉRIE. — Aciers en barres. — Etains bruts en lingots. — Fer battu (objets en). — Fer-blanc en feuilles. — Ferronnerie. — Fil de cuivre. — Fil de laiton. — Huiles de graines en fûts. — Huiles bitumineuses. — Huiles de suif. — Huiles grasses. — Limes. — Taillanderie.

3e SÉRIE. — Etaux. — Fers en barres et en feuilles. — Fer en pièces forgées. — Fer feuillard. — Roues de wagons ou de machines montées ou non montées. — Tôle forte.

PRIX PAR 1,000 KILOGRAMMES
(Frais de manutention compris).

STATIONS		Distance kilom.	SÉRIES		
DE DÉPART.	D'ARRIVÉE.		1re	2e	3e
			fr. c.	fr. c.	fr. c.
Mâcon........	Genève.......	185	23 70	20 »	16 30

NOTA. Pour les parcours intermédiaires entre MACON et GENÈVE la taxe ne pourra, dans aucun cas, être supérieure à celle qui est indiquée au présent Tarif pour la distance entière de MACON à GENÈVE.

CONDITIONS

Les prix ci-dessus sont fixés de Gare en Gare et applicables par fraction indivisible de 10 kilog.

ENREGISTREMENT. — La Gare expéditrice perçoit en sus du prix de transport 0 f. 10 c. d'enregistrement par chaque expédition.

MAGASINAGE. — L'enlèvement de la Marchandise doit avoir lieu par le Destinataire dans les 48 heures qui suivent la réception de la lettre d'avis annonçant l'arrivée en Gare. Passé ce délai, la Marchandise sera soumise à un droit de magasinage fixé à 0 f. 02 c. par fraction indivisible de 100 kilog. et par jour de retard. Pour l'exécution de cette clause, tout Destinaire qui n'aura pas son domicile dans la localité voisine de la Gare, sera tenu d'y désigner un représentant pour recevoir les avis de la Gare destinataire. A défaut par lui de le faire, le délai de 48 heures courra à partir de l'instant où la lettre d'avis aura été déposée au bureau de poste de la localité.

PESAGE. — Toute Marchandise qui, sur la demande spéciale des Expéditeurs ou des Destinataires sera soumise à un pesage en dehors de celui que la Gare expéditrice fait au départ pour établir la taxe, sera passible d'un droit de 0 f. 75 c. par 1,000 kilog.

Les conditions du Tarif général de la Compagnie qui ne se trouvent pas modifiées par les dispositions qui précèdent, sont applicables aux transports qui font l'objet du présent Tarif.

Avis important

Les Expéditeurs auront toujours le choix entre les prix et conditions du présent Tarif et les prix et conditions des Tarifs généraux ou spéciaux de la Compagnie.

Homologué, à titre provisoire, par décision ministérielle en date du 28 février 1859.

Sel Marin par expédition de 5,000 kilogrammes au minimum, de la Gare de *Lyon-Guillotière* aux Gares de *Culoz*, *Seyssel*, *Bellegarde*, *Collonges*, *Chancy*, *La Plaine* et *Genève*.

Prix de Transport par 1,000 kilogrammes
(Frais de chargement et de déchargement non compris).

De la Gare ci-contre aux Gares ci-après	LYON - GUILLOTIÈRE			
	AIGUILLES de raccordement		GARE	
	Distances	Prix	Distances	Prix
	KILOM.	F. C.	KILOM.	F. C.
CULOZ	101	7 25	102	7 15
SEYSSEL	116	8 30	117	8 20
BELLEGARDE	134	9 60	135	9 45
COLLONGES	144	10 20	146	10 15
CHANCY	147	10 20	149	10 15
LA PLAINE	153	10 20	154	10 15
GENÈVE	167	10 20	169	10 15

Les prix calculés de l'aiguille de raccordement comprennent le droit de Gare de 0 f. 20 c. par tonne.

NOTA. Le sel marin expédié aux conditions du présent Tarif spécial de ou pour une station non dénommée ci-dessus, comprise entre deux stations dénommées, jouira du bénéfice des taxes inscrites au présent Tarif en payant pour la distance entière, depuis la dernière station dénommée située avant le lieu de départ, jusqu'à la première station dénommée, située après le lieu de destination, si ces taxes sont plus avantageuses pour les Expéditeurs que celles du Tarif général.

CONDITIONS

Pour les expéditions faites au présent Tarif, le délai d'expédition est porté à 5 jours.

Tout wagon chargé de moins de 5,000 kilog. sera taxé pour 5,000 kilog., à moins que l'Expéditeur n'ait avantage à payer le prix du Tarif général.

Au delà de 5,000 kilog., l'excédant de poids, chargé sur chaque wagon, sera taxé au prix du présent Tarif et par fraction indivisible de 10 kilog.

Le chargement et le déchargement sont faits par les soins et aux frais des Expéditeurs et des Destinataires. Lorsque la Compagnie fera ces deux opérations ou seulement l'une d'elles, elle percevra 0 f. 75 c. pour chaque opération.

La Compagnie ne répond pas des déchets et avaries de route.

Le Destinataire doit avoir complété l'enlèvement dans les 24 heures après la réception de la lettre d'avis annonçant l'arrivée en gare, à défaut de quoi la Marchandise sera, au choix de la Compagnie, ou mise à terre aux frais, risques et périls du Destinataire, et le magasinage perçu à raison de 0 f. 02 c. par jour et par fraction indivisible de 100 kilog., ou laissée sur les wagons, et il sera perçu un droit de stationnement de 3 fr. par wagon et par 24 heures indivisibles de retard.

Les conditions du Tarif général de la Compagnie qui ne se trouvent pas modifiées par les dispositions qui précèdent, sont applicables aux transports qui font l'objet du présent Tarif.

Avis important

Les Expéditeurs auront toujours le choix entre les prix et conditions du présent Tarif et les prix et conditions du Tarif général.

Homologué, à titre provisoire, par décision ministérielle du 20 juin 1859.

Bois à brûler en bûches, Fagots, Souches ou Cotrets, expédiés par wagon complet de 4,000 kilogrammes au minimum, d'une Gare quelconque à une autre Gare du réseau.

PRIX DE TRANSPORT

0 fr. 04 c. par tonne et par kilomètre, non compris les frais de chargement et de déchargement.

CONDITIONS

Pour les expéditions faites au présent Tarif, le délai est porté à 5 jours.

Tout wagon chargé de moins de 4,000 kilogrammes sera taxé pour 4,000 kilogrammes, à moins que l'Expéditeur n'ait avantage à payer les prix du Tarif général.

Au delà de 4,000 kilogrammes, l'excédant de poids, chargé sur chaque wagon, sera taxé au prix du présent Tarif et par fraction indivisible de 10 kilogrammes.

Le chargement et le déchargement sont faits par les soins et aux frais des Expéditeurs ou des Destinataires.

Lorsque la Compagnie fera ces deux opérations ou seulement l'une d'elles, elle percevra 0 f. 75 c. par tonne pour chaque opération.

Les Expéditeurs seront tenus d'adresser leur demande de matériel à la Compagnie 48 heures au moins à l'avance, et seront passibles d'une indemnité de 3 francs par wagon et par 24 heures indivisibles de retard, toutes les fois que le chargement ne sera pas terminé dans un délai maximum de 24 heures. Le déchargement des wagons devra également être opéré dans un délai de 24 heures après la réception de la lettre d'avis.

Passé ce délai, la Compagnie aura la faculté ou de faire décharger les wagons aux risques et périls du Destinataire, en percevant une taxe de 0 f. 75 par 1,000 kilogrammes, alors même que la facture de transport indiquerait que le déchargement dût être fait par ce dernier, ou de laisser la Marchandise sur les wagons, en percevant un droit de stationnement de 3 francs par wagon et par 24 heures indivisibles de retard.

Les conditions du Tarif général de la Compagnie qui ne se trouvent pas modifiées par les dispositions qui précèdent, sont applicables aux transports qui font l'objet du présent Tarif.

Avis important

Les Expéditeurs auront toujours le choix entre les prix et conditions du présent Tarif et les prix et conditions du Tarif général.

Homologué, à titre provisoire, par décision ministérielle en date du 11 mai 1859.

Sel gemme, par expédition de 5,000 kilogrammes au minimum, des Gares de *Mâcon* et *Bourg* à la Gare de *Genève*.

Prix de Transport par 1,000 kilogrammes

(Frais de chargement et de déchargement non compris).

DES GARES CI-CONTRE à LA GARE CI-DESSOUS.	MACON.		BOURG.	
	DISTANCE	PRIX.	DISTANCE	PRIX.
	kilom.	F. C.	kilom.	F. C.
GENÈVE	185	9 25	148	7 40

Nota. Le Sel gemme expédié aux conditions du présent Tarif spécial, de ou pour une station non dénommée ci-dessus, comprise entre deux stations dénommées, jouira du bénéfice des taxes inscrites au présent Tarif, en payant pour la distance entière, depuis la dernière station dénommée, située avant le lieu de départ, jusqu'à la première station dénommée située après le lieu de destination, si ces taxes sont plus avantageuses pour les Expéditeurs que celles du Tarif général.

CONDITIONS

Pour les expéditions faites au présent Tarif, le délai d'expédition est porté à 5 jours.

Tout wagon chargé de moins de 5,000 kilog. sera taxé pour 5,000 kilog., à moins que l'Expéditeur n'ait avantage à payer le prix du Tarif général.

Au delà de 5.000 kilog., l'excédant de poids, chargé sur chaque wagon, sera taxé au prix du présent Tarif et par fraction indivisible de 10 kilog.

Le chargement et le déchargement sont faits par les soins et aux frais des Expéditeurs et des Destinataires.

Lorsque la Compagnie fera ces deux opérations ou seulement l'une d'elles, elle percevra 0 f. 75 c. pour chaque opération.

La Compagnie ne répond pas des déchets et avaries de route.

Le Destinataire doit avoir complété l'enlèvement dans les 24 heures après la réception de la lettre d'avis annonçant l'arrivée en Gare, à défaut de quoi la Marchandise sera, au choix de la Compagnie, ou mise à terre aux frais, risques et périls du Destinataire, et le magasinage perçu à raison de 0 fr. 02 c. par jour et par fraction indivisible de 100 kilog., ou laissée sur les wagons, et il sera perçu un droit de stationnement de 3 fr. par wagon et par 24 heures indivisibles de retard.

Les conditions du Tarif général de la Compagnie qui ne se trouvent pas modifiées par les dispositions qui précèdent, sont applicables aux transports qui font l'objet du présent Tarif.

Avis important

Les Expéditeurs auront toujours le choix entre les prix et conditions du présent Tarif et les prix et conditions du Tarif général.

Homologué, à titre provisoire, par décision ministérielle du 25 juin 1859.

Transport de certaines marchandises de Genève à Lyon.

DÉSIGNATION DES MARCHANDISES.

Broderies, Coutellerie, Draperie, Mousselines unies ou brodées, Passementeries, Soies brutes ou manufacturées, Soieries, Tissus de coton, de laine ou de soie, Toiles blanches ou pei .tes.

PRIX PAR 1,000 KILOGRAMMES

(Frais de manutention non compris.)

GARES		DISTANCE.	PRIX de transport, droits de gare de 0 fr. 20 c. compris.	DÉLAI.
de Départ.	d'Arrivée.			
GENÈVE	LYON-GUILLOTIÈRE (Aiguille de raccordement.)	167 kil.	20 f. 24 c.	4 jours.

NOTA. — Pour les parcours intermédiaires compris entre GENÈVE et LYON-GUILLOTIÈRE (aiguille de raccordement), la taxe ne pourra, dans aucun cas, être supérieure à celle qui est indiquée au présent Tarif pour la distance entière de GENÈVE à LYON-GUILLOTIÈRE (aiguille de raccordement).

Les conditions du Tarif général de la Compagnie qui ne se trouvent pas modifiées par les dispositions qui précèdent, sont applicables aux Transports qui font l'objet du présent Tarif.

Avis important

Les Expéditeurs auront toujours le choix entre les prix et conditions du présent Tarif et les prix et conditions du Tarif général.

Homologué, à titre provisoire, par décision ministérielle du 26 août 1859.

Expéditions de Bestiaux par wagon complet.

PRIX DE TRANSPORT

Par Wagon complet

Bœufs, Vaches, Taureaux et Ânes . . 0 f. 05) par tête et par
Veaux et Porcs . . . . 0 02 } kilomètre.
Moutons, Chèvres, Brebis et Agneaux. . 0 005)

LE CHARGEMENT COMPLET D'UN WAGON EST FIXÉ COMME SUIT :

6 Bœufs, Vaches ou Taureaux.
15 Veaux et Porcs.
40 Moutons, Chèvres, Brebis ou Agneaux.

Néanmoins, il sera loisible à l'Expéditeur de charger dans un wagon le nombre de têtes que bon lui semblera au delà du nombre ci-dessus fixé ; mais la Compagnie sera affranchie de toute responsabilité pour les risques et périls qui pourraient résulter, en cours de transport, de cet excédant de chargement.

Quand l'expédition n'atteindra pas les quantités fixées pour le chargement d'un wagon complet, elle sera taxée d'après le Tarif pour les transports par tête, à moins que la taxe qui résulterait de l'application de ce Tarif ne soit supérieure à celle d'un wagon complet.

Un permis de circulation sera accordé pour un wagon de bestiaux, deux permis pour une expédition de deux wagons faite par le même Expéditeur ; ce nombre de permis ne pourra jamais être augmenté, quelle que soit l'importance des expéditions.

Ces permis seront valables pour le retour en voitures de 3e classe.

Ils comprendront le transport des cliens.

Homologué, à titre provisoire, par décision ministérielle du 30 juin 1859.

2° BILLETS D'ALLER ET RETOUR A PRIX RÉDUITS

BILLETS
D'ALLER ET RETOUR
à Prix Réduits
VALABLES POUR DEUX JOURS

La Compagnie du Chemin de Fer de Lyon à Genève a l'honneur d'informer le Public que des **Billets d'Aller et de Retour** à Prix réduits sont délivrés aux Gares de *Lyon-St-Clair* et *Lyon-Brotteaux*, pour celles d'*Ambérieu*, *Ambronay*, *Pont-d'Ain*, *La Vavrette*, *Bourg*, *Polliat*, *Mézériat* et *Vonnas*, et réciproquement, du 15 Avril au 15 Octobre inclusivement, aux conditions ci-dessous :

DES GARES CI-CONTRE aux GARES CI-APRÈS et réciproquement	LYON-ST-CLAIR PRIX DES PLACES			LYON-BROTTEAUX PRIX DES PLACES		
	1re	2e	3e	1re	2e	3e
	F. c.	F. c.	F. c.	F. c.	F. c.	F. c.
Ambérieu	6 70	5 05	3 70	7 20	5 40	4 »
Ambronay	7 85	5 90	4 35	8 35	6 25	4 55
Pont-d'Ain	8 60	6 45	4 75	9 10	6 80	4 95
La Vavrette	10 20	7 65	5 60	10 65	8 »	5 90
Bourg	11 75	8 80	6 45	12 05	9 05	6 65
Polliat	13 15	9 85	7 20	13 65	10 20	7 50
Mézériat	14 15	10 55	7 75	14 55	10 90	8 05
Vonnas.	14 90	11 20	8 20	15 20	11 40	8 40

CONDITIONS

Les **Billets d'Aller et Retour** délivrés pour les parcours et aux prix indiqués ci-dessus, sont **valables pour tous les trains du jour de départ, et pour tous ceux du lendemain.**

Le Voyageur muni d'un *Billet d'Aller et de Retour*, qui descendrait à une station soit en deçà, soit au delà de celle qu'indique son Billet, pourra revenir à son point de départ, dans le premier cas, sans être assujetti à un supplément de prix, et dans le second cas, en acquittant la différence entre le prix déjà payé et le prix du Billet d'après le Tarif ordinaire, sans réduction.

Homologué, à titre provisoire, par décision ministérielle en date du 11 mai 1859.

BILLETS

D'ALLER ET RETOUR

à Prix Réduits

VALABLES POUR LA JOURNÉE

La Compagnie du Chemin de Fer de Lyon à Genève a l'honneur d'informer le Public que des **Billets d'Aller et Retour** à Prix réduits sont délivrés à la Gare de *Genève* pour celles de *Meyrin, Satigny, La Plaine, Chancy, Collonges* et *Bellegarde*, et de chacune de ces Gares pour *Genève*, du 15 Avril au 15 Octobre prochain inclusivement, aux conditions ci-dessous :

DE LA GARE CI-CONTRE aux GARES CI-APRÈS et réciproquement	GENÈVE		
	PRIX DES PLACES		
	1re	2e	3e
	f. c.	f. c.	f. c.
Meyrin	1 05	0 75	0 50
Satigny	1 75	1 30	0 85
La Plaine	2 70	1 90	1 25
Chancy	3 60	2 55	1 75
Collonges	4 15	2 95	1 95
Bellegarde	6 10	4 30	2 95

CONDITIONS

Les **Billets d'Aller et Retour** délivrés pour les parcours et aux prix indiqués ci-dessus sont **valables pour la journée** dans laquelle ils ont été pris.

Le Voyageur muni d'un *Billet d'Aller et Retour*, qui descendrait à une station soit en deçà, soit au delà de celle qu'indique son Billet, pourra revenir à son point de départ, dans le premier cas, sans être assujetti à un supplément de prix, et dans le second cas, en acquittant la différence entre le prix déjà payé et le prix du Billet d'après le Tarif ordinaire, sans réduction.

Homologué, à titre provisoire, par décision ministérielle en date du 11 mai 1859.

3° TARIFS COMMUNS AVEC LES AUTRES COMPAGNIES

CHEMINS DE FER

DE

DE LYON A GENÈVE, DE GENÈVE-VERSOIX ET DE L'OUEST-SUISSE

Transport des **Planches**, **Plateaux**, **Liteaux** et **Lattes** au départ de Morges et en destination de Lyon-Brotteaux.

PRIX PAR 1,000 KILOGRAMMES

(Frais de manutention non compris)

GARES		DISTANCE KILOM.	PRIX.	RÉPARTITION DU PRIX CI-CONTRE.		
EXPÉDITRICE.	DESTINATAIRE.			Indication des Parcours.	DISTANCES.	PRIX.
Morges	Lyon-Brotteaux. .	211	14 f. » c.	Chemin de fer Lyon-Genève.	163 »	10 80
				Id. Genève-Versoix.	13 193	» 90
				Id. Ouest-Suisse .	34 807	2 30

Nota. Pour les parcours intermédiaires entre *Morges* et *Lyon-Brotteaux*, la taxe ne pourra, dans aucun cas, être supérieure à celle qui est indiquée au présent Tarif pour la distance entière de *Morges* à *Lyon-Brotteaux*.

CONDITIONS

Les prix ci-dessus sont fixés de Gare en Gare, et applicables par fraction indivisible de 10 kilogrammes.

ENREGISTREMENT. — La Compagnie expéditrice seule perçoit en sus du prix de transport 0 f. 10 c. d'enregistrement par chaque expédition.

MAGASINAGE. — L'enlèvement de la Marchandise doit avoir lieu dans les 48 heures qui suivent la réception de la lettre d'avis annonçant l'arrivée en Gare. Passé ce délai, la Marchandise sera soumise à un droit de magasinage fixé à 0 f. 02 c. par fraction indivisible de 100 kilog. et par jour. Pour l'exécution de cette clause, tout Destinataire qui n'aura pas son domicile dans la localité voisine de la Gare, sera tenu d'y désigner un représentant pour recevoir les avis de la Compagnie destinataire. A défaut par lui de le faire, le délai de 48 heures courra à partir de l'instant où la lettre d'avis aura été déposée au bureau de poste de la localité.

PESAGE. — Toute Marchandise qui, sur la demande spéciale des Expéditeurs ou des Destinataires, sera soumise à un pesage en dehors de celui que la Compagnie expéditrice fait au départ pour établir la taxe, sera passible d'un droit de 0 f. 075^m par fraction indivisible de 100 kilog.

CHARGEMENT ET DÉCHARGEMENT. Lorsque les Compagnies feront ces deux opérations ou seulement l'une d'elles, elles percevront 0 f. 75 c. par tonne pour chaque opération.

Les conditions des Tarifs généraux de chaque Compagnie qui ne se trouvent pas modifiées par les dispositions qui précèdent, sont applicables aux transports qui font l'objet du présent Tarif.

Avis important

Les Expéditeurs auront toujours le choix entre les prix et conditions du présent Tarif et les prix et conditions des Tarifs généraux ou spéciaux de chaque Compagnie.

Homologué, à titre provisoire, par décision ministérielle du 13 janvier 1859.

CHEMINS DE FER

DE

LYON A GENÈVE, DE GENÈVE-VERSOIX ET DE L'OUEST-SUISSE

Transport des **Spiritueux, Vins** et **Vinaigres en fûts**, aux départs de LYON-GUILLOTIÈRE et MACON, en destination d'YVERDON, par wagon complet de 4,000 kilog. au moins, ou en payant pour ce poids, s'il y a avantage pour l'Expéditeur.

PRIX PAR 1,000 KILOGRAMMES

(Frais de manutention compris).

DES GARES CI-CONTRE A LA GARE CI-APRÈS	LYON–GUILLOTIÈRE			MACON		
	DISTANCE	PRIX	DÉLAI	DISTANCE	PRIX	DÉLAI
	kilom.	f. c.		kilom.	f. c.	
YVERDON. . . . . . . : .	256	20 48	8 jours	272	21 76	8 jours

NOTA. Les Marchandises expédiées de ou pour une station non dénommée ci-dessus, comprise entre deux stations dénommées, jouiront du bénéfice du présent Tarif en payant pour la distance entière, depuis la dernière station dénommée située avant le lieu de départ, jusqu'à la première station dénommée située après le lieu de destination, si la taxe, ainsi calculée, est plus avantageuse pour les Expéditeurs que celle des Tarifs particuliers de chaque Compagnie.

CONDITIONS

Les prix ci-dessus sont fixés de Gare en Gare et applicables par fraction indivisible de 10 kilog.

ENREGISTREMENT. — La Compagnie expéditrice seule perçoit en sus du prix de transport 0 f. 10 c. d'enregistrement sur chaque expédition.

MAGASINAGE. — L'enlèvement de la Marchandise doit avoir lieu dans les 48 heures qui suivent la réception de la lettre d'avis annonçant l'arrivée en Gare. Passé ce délai, la Marchandise sera soumise à un droit de magasinage fixé à 0 f. 02 c. par 100 kilog. et par jour. Pour l'exécution de cette clause, tout Destinataire qui n'aura pas son domicile dans la localité voisine de la Gare, sera tenu d'y désigner un représentant pour recevoir les avis de la Compagnie destinataire. A défaut par lui de le faire, le délai de 48 heures courra à partir du jour où la lettre d'avis aura été déposée au bureau de poste de la localité.

PESAGE. — Toute Marchandise qui, sur la demande spéciale des Expéditeurs ou des Destinataires, sera soumise à un pesage en dehors de celui que la Gare expéditrice fait à ses frais au départ pour établir la taxe, sera passible d'un droit de 0 f. 075^m par fraction indivisible de 100 kilog.

Les conditions des Tarifs généraux de chaque Compagnie qui ne se trouvent pas modifiées par les dispositions qui précèdent, sont applicables aux transports qui font l'objet du présent Tarif.

Avis important

Les Expéditeurs auront toujours le choix entre les prix et conditions du présent Tarif et les prix et conditions des Tarifs généraux ou spéciaux de chaque Compagnie.

Homologué, à titre provisoire, par décision ministérielle du 21 février 1859.

CHEMINS DE FER

DE

LYON A GENÈVE, DE GENÈVE-VERSOIX & DE L'OUEST-SUISSE

Transport des **Bouteilles vides.—Cruchons vides.— Dames-jeannes.** — **Verres à vitres.** — **Verreries communes**, en vrac ou en cadres, au départ de Lyon-Guillotière et Macon, en destination de Morges, Lausanne et Yverdon, par expédition de 5,000 kilog. au moins, ou en payant pour ce poids, s'il y a avantage pour l'Expéditeur.

PRIX PAR 1,000 KILOGRAMMES

(Frais de manutention non compris.)

Des Gares ci-dessous aux Gares ci-contre.	MORGES		LAUSANNE		YVERDON		DÉLAIS.
	Distances kilom.	PRIX.	Distances kilom.	PRIX.	Distances kilom.	PRIX.	
		F. C.		F. C.		F. C.	
Lyon (Guillotière) .	218	17 44	231	18 48	256	20 48	8 jours.
Macon	234	18 72	247	19 76	272	21 76	8 jours.

Nota. — Les expéditions faites de ou pour une station non dénommée ci-dessus, mais comprise entre deux stations dénommées, jouiront du bénéfice du présent Tarif commun, en payant pour la distance entière depuis la dernière station dénommée située avant le lieu de départ, jusqu'à la première station dénommée située après le lieu de destination, si la taxe, ainsi calculée, est plus avantageuse pour les Expéditeurs que celle des Tarifs particuliers de chaque Compagnie.

Le chargement et le déchargement des Marchandises expédiées en vrac, seront faits par les soins et aux frais du propriétaire; dans ce cas, il ne sera rien ajouté aux prix de transport ci-dessus indiqués pour frais de manutention ; mais lorsque la Compagnie fera ces deux opérations ou seulement l'une d'elles, elle aura droit à 0 fr. 75 c. par chaque opération.

Sur la demande des Expéditeurs, la Compagnie de Lyon-Genève se chargera de la fourniture des cadres ; dans ce cas, elle percevra une taxe de 1 f. 50 par tonne, pour location.

CONDITIONS

La Compagnie expéditrice seule perçoit 0 f. 10 c. pour droit d'enregistrement.

Les Compagnies ne répondent pas des déchets et avaries de route.

Le Destinataire doit avoir complété l'enlèvement dans les 24 heures après la réception de la lettre d'avis , à défaut de quoi, la Marchandise sera, au choix des Compagnies, ou mise à terre aux frais, risques et périls du Destinataire, et le magasinage perçu à raison de 0 f. 2 c. par jour et par fraction indivisible de 100 kilog., ou laissée sur les wagons , et il sera perçu un droit de stationnement de 0 f. 10 c. par jour de retard et par fraction indivisible de 100 kilog.

Avis important

Les Expéditeurs auront toujours le choix entre les prix et conditions du présent Tarif et les prix et conditions des Tarifs généraux et spéciaux de chaque Compagnie.

Homologué, à titre provisoire, par décision ministérielle du 21 février 1859.

Chemins de Fer

DE

LYON A GENÈVE, DE GENÈVE-VERSOIX, DE L'OUEST-SUISSE ET DU VICTOR-EMMANUEL.

Transport des **Fromages** au départ de *Vevey* (Suisse) en destination de *Lyon-Guillotière, Chambéry et Turin*.

PRIX PAR 1,000 KILOGRAMMES

(Frais de manutention non compris).

DE LA GARE CI-DESSOUS aux GARES CI-CONTRE	LYON (Guillotière)			CHAMBÉRY			TURIN		
	Distance kilomét.	PRIX	DÉLAIS	Distance kilomét.	PRIX	DÉLAIS	Distance kilomét.	PRIX	DÉLAIS
VEVEY . . .	250 k.	F. C. 24 30	9 jours	184 k.	F. C. 17 85	9 jours	394 k.	F. C. 70 40	12 jour[rs]

Nota. Les expéditions faites de ou pour une station non dénommée, mais comprise entre deux stations dénommées, jouiront du bénéfice du présent Tarif commun, en payant pour la distance entière depuis la dernière station dénommée située avant le lieu de départ, jusqu'à la première station dénommée située après le lieu de destination, si la taxe, ainsi calculée, est plus avantageuse pour les Expéditeurs que celle des Tarifs généraux de chaque Compagnie.

CONDITIONS

Les prix ci-dessus sont fixés de gare en gare et applicables par fraction indivisible de 10 kilogrammes.

ENREGISTREMENT. — La Compagnie expéditrice seule perçoit en sus du prix de transport 0 fr. 10 c. d'enregistrement sur chaque expédition.

CHARGEMENT ET DÉCHARGEMENT. — Lorsque les Compagnies feront ces deux opérations ou seulement l'une d'elles, elles percevront 0 fr. 75 c. par tonne pour chaque opération.

MAGASINAGE. — L'enlèvement de la Marchandise doit avoir lieu dans les 48 heures qui suivent la réception de la lettre d'avis annonçant l'arrivée en gare; passé ce délai, la Marchandise sera soumise à un droit de magasinage fixé à 0 fr. 02 c. par fraction indivisible de 100 kilogrammes et par jour. Pour l'exécution de cette clause, tout Destinataire qui n'aura pas son domicile dans la localité voisine de la gare, sera tenu d'y désigner un représentant pour recevoir les avis de la Compagnie destinataire. A défaut par lui de le faire, le délai de 48 heures courra à partir du jour où la lettre d'avis aura été déposée au bureau de poste de la localité.

PESAGE. — Toute Marchandise qui, sur la demande spéciale des Expéditeurs ou des Destinataires, sera soumise à un pesage en dehors de celui que la Compagnie expéditrice fait à ses frais au départ pour établir la taxe, sera passible d'un droit de 0 fr. 075^m par fraction indivisible de 100 kilogrammes.

Les conditions des Tarifs généraux de chaque Compagnie qui ne se trouvent pas modifiées par les dispositions qui précèdent, sont applicables aux transports qui font l'objet du présent Tarif.

<hr>

Avis important

Les Expéditeurs auront toujours le choix entre les prix et conditions du présent Tarif les prix et conditions des Tarifs généraux ou spéciaux de chaque Compagnie.

Homologué, à titre provisoire, par décision ministérielle du 17 mars 1859.

CHEMINS DE FER

DE LYON A GENÈVE, DE GENÈVE-VERSOIX ET DE L'OUEST-SUISSE.

Transport des **Houilles, Cokes et Agglomérés** au départ de **LYON-GUILLOTIÈRE** (aiguille de raccordement) à destination de **NIDAU** (Suisse), Marchandises rendues à quai, par wagon complet de 6,000 kilogrammes au minimum.

GARES		PRIX DE TRANSPORT PAR TONNE		
		FRAIS DE DÉCHARGEMENT A NIDAU COMPRIS.		
EXPÉDITRICE.	DESTINATAIRE.	DISTANCE kilométrique.	PRIX.	DÉLAI.
LYON-GUILLOTIÈRE (Aiguille de raccordement).	NIDAU (Suisse).	319 k.	14 f. 80 c.	11 jours.

Les Houilles, Cokes et Agglomérés expédiés aux conditions du présent Tarif, de ou pour une station non dénommée ci-dessus, comprise entre deux stations dénommées, jouiront du bénéfice du présent Tarif, en payant pour la distance entière depuis la dernière station dénommée, située avant le lieu de départ, jusqu'à la première station dénommée, située après le lieu de destination, si la taxe, ainsi calculée, est plus avantageuse pour les Expéditeurs que celle des Tarifs particuliers de chaque Compagnie.

CONDITIONS

La Compagnie expéditrice seule perçoit 0 f. 10 c. pour droit d'enregistrement.

Tout wagon chargé de moins de 6,000 kilogrammes sera taxé pour 6,000 kilogrammes, à moins que l'Expéditeur n'ait avantage à payer les prix des Tarifs particuliers de chaque Compagnie.

Au delà de 6,000 kilog., l'excédant de poids, chargé sur chaque wagon, sera taxé au présent Tarif et par fraction indivisible de 10 kilogrammes.

Le chargement se fera par les soins et aux frais de l'Expéditeur. Dans le cas où la Compagnie expéditrice aurait à faire cette opération, elle aurait droit à 0 f. 75 c. par 1,000 kilogrammes.

Les Compagnies ne répondent pas des avaries et déchets de route.

Le transport d'Yverdon à Nidau ayant lieu par eau, les Compagnies ne répondent pas des cas de force majeure qui peuvent entraver la circulation sur les lacs.

NOTA. Les déboursés suivis sur le chemin de fer Ouest-Suisse sont soumis à une taxe d'après les bases suivantes :

Au-dessus de 10 fr. jusqu'à 50 fr. inclusivement . . . . . 0 fr. 20 c.
Au-dessus de 50 fr. et par fraction indivisible de 100 fr. . . 0 fr. 30 c.

Les conditions ordinaires des Tarifs généraux qui ne se trouvent pas modifiées par le Tarif spécial ci-dessus, restent applicables aux Marchandises jouissant de ce Tarif.

Avis important

Les Expéditeurs auront toujours le choix entre les prix et conditions du présent Tarif et les prix et conditions des Tarifs généraux ou spéciaux de chaque Compagnie.

Homologué, à titre provisoire, par décision ministérielle du 8 avril 1859.

CHEMINS DE FER DE LYON A GENÈVE, DE GENÈVE-VERSOIX ET DE L'OUEST-SUISSE.

Transport des **Garances**, **Garancines et Alizaris**, par wagon complet de 4,000 kilogrammes au moins, ou en payant pour ce poids s'il y a avantage pour l'Expéditeur, au départ de **LYON-GUILLOTIÈRE** (aiguille de raccordement) à destination d'**YVERDON**.

PRIX PAR 1,000 KILOGRAMMES
(Frais de manutention non compris.)

GARES		DISTANCE	PRIX.	DÉLAI.
EXPÉDITRICE.	DESTINATAIRE.	kilométrique.	Droit de Gare de 0 f. 20 compris.	
LYON-GUILLOTIÈRE (Aiguille de raccordement).	YVERDON.	254 k.	15 f. 44 c.	7 jours.

Les Garances, Garancines et Alizaris expédiés de ou pour une station non dénommée ci-dessus, comprise entre deux stations dénommées, jouiront du bénéfice du présent Tarif, en payant pour la distance entière depuis la dernière station dénommée, située avant le lieu de départ, jusqu'à la première station dénommée, située après le lieu de destination, si la taxe, ainsi calculée, est plus avantageuse pour les Expéditeurs que celle des Tarifs particuliers de chaque Compagnie.

CONDITIONS

Les prix ci-dessus sont fixés de Gare en Gare.

Au delà de 4,000 kilog., l'excédant de poids, chargé sur chaque wagon, sera taxé au présent Tarif et par fraction indivisible de 10 kilogrammes.

ENREGISTREMENT.— La Compagnie expéditrice seule perçoit en sus du prix de transport 0 f. 10 c. d'enregistrement sur chaque expédition.

CHARGEMENT et DÉCHARGEMENT. — Lorsque les Compagnies feront ces deux opérations ou seulement l'une d'elles, elles percevront 0 f. 75 c. par tonne pour chaque opération.

MAGASINAGE. — L'enlèvement de la Marchandise doit avoir lieu dans les 48 heures qui suivent la réception de la lettre d'avis annonçant l'arrivée en Gare. Passé ce délai, la Marchandise sera soumise à un droit de magasinage fixé à 0 f. 02 c. par fraction indivisible de 100 kilog. et par jour. Pour l'exécution de cette clause, tout Destinataire qui n'aura pas son domicile dans la localité voisine de la Gare, sera tenu d'y désigner un représentant pour recevoir les avis de la Compagnie destinataire. A défaut par lui de le faire, le délai de 48 heures courra à partir du moment où la lettre d'avis aura été mise au bureau de poste de la localité.

PESAGE. — Toute Marchandise qui, sur la demande des Expéditeurs ou des Destinataires, sera soumise à un pesage en dehors de celui que la Compagnie fait à ses frais au départ pour établir la taxe, sera passible d'un droit de 0,075ᵐ par fraction indivisible de 100 kilogrammes.

Les conditions des Tarifs généraux de chaque Compagnie qui ne se trouvent pas modifiées par les dispositions qui précèdent, sont applicables aux transports qui font l'objet du présent Tarif.

Avis important

Les Expéditeurs auront toujours le choix entre les prix et conditions du présent Tarif et les prix et conditions des Tarifs généraux ou spéciaux de chaque Compagnie.

Homologué, à titre provisoire, par décision ministérielle du 15 avril 1859.

CHEMINS DE FER DE LYON A GENÈVE ET DU VICTOR-EMMANUEL

BILLETS

D'ALLER ET RETOUR

à Prix Réduits

Pour **AIX-LES-BAINS** et **CHAMBÉRY**, valables pour **trois** jours.

Les Compagnies des Chemins de Fer de Lyon à Genève et du Victor-Emmanuel ont l'honneur d'informer le Public que des **Billets d'Aller et Retour** à Prix réduits seront délivrés aux Gares de *Lyon-Brotteaux, Lyon-St-Clair, Mâcon, Bourg* et *Genève* pour *Aix-les-Bains* et *Chambéry*, du 15 Avril au 15 Octobre inclusivement, aux conditions ci-après :

DES GARES CI-APRÈS aux GARES CI-CONTRE	AIX-LES-BAINS PRIX DES PLACES			CHAMBÉRY PRIX DES PLACES		
	1re	**2e**	**3e**	**1re**	**2e**	**3e**
	F. C.	F. C.	F. C.	F. C.	F. C.	F. C.
Lyon-Brotteaux . . .	15 85	11 90	8 60	17 30	12 95	9 30
Lyon-St-Clair . . .	15 40	11 60	8 35	16 85	12 65	9 05
Macon	18 90	14 15	10 25	20 35	15 25	11 »
Bourg	13 90	10 45	7 50	15 35	11 50	8 20
Genève.	11 95	8 95	6 40	13 40	10 »	7 15

CONDITIONS

Les **Billets d'Aller et de Retour** délivrés pour les parcours et aux prix indiqués ci-dessus sont **valables pour trois jours.**

Le Voyageur muni d'un *Billet d'Aller et de Retour*, qui descendrait à une station soit en deçà, soit au delà de celle qu'indique son Billet, pourra revenir à son point de départ, dans le premier cas, sans être assujetti à un supplément de prix, et dans le second cas, en acquittant la différence entre le prix déjà payé et le prix du Billet d'après le Tarif ordinaire, sans réduction.

Homologué, à titre provisoire, par décision ministérielle en date du 11 mai 1859.

N° 8 P.

Compagnies des Chemins de fer de Lyon à Genève et du Victor-Emmanuel.

TARIFS COMMUNS A PRIX RÉDUITS

POUR LE TRANSPORT DES MARCHANDISES DÉSIGNÉES CI-APRÈS

De LYON-GUILLOTIÈRE, LYON-SAINT-CLAIR, GENÈVE ET MACON, en destination de TURIN et réciproquement.

CHARGEMENT ET DÉCHARGEMENT COMPRIS

De Lyon-Guillotière et Lyon-St-Clair à TURIN ou retour				De Genève à Turin ou retour			De Mâcon (gare) à Turin (domicile) ou retour		
MODE DU Transport	DÉSIGNATION DES Marchandises	PRIX DE DOMICILE A DOMICILE		MODE DU Transport	DÉSIGNATION DES Marchandises	PRIX de domicile à domicile	MODE DU Transport	DÉSIGNATION DES Marchandises	PRIX
		De Lyon Guillotière à Turin et vice versa	De Lyon-St-Clair à Turin et vice versa						
Petite Vitesse.	Racines à vergettes. Riz.	60 f. 50	60 f.	Petite Vitesse.	Avoine, Betteraves Blé. Châtaignes et Marrons. Farines. Farineux alimentaires, tels que Semoule, Gruau, etc. Fécules. Fèves. Fil de fer Fromages. Grains (céréales). Issues de grains. Légumes secs non dénommés. Lentilles. Maïs. Millet. Orges. Pommes de terre en vrac. Pommes de terre en sacs. Pulpes de betteraves. Sarrasin. Seigle. Son. Veses.	58 f.	Petite Vitesse.	Racines à vergettes. Riz.	60 f.

Le prix de 60 fr. 50 c., de domicile à domicile, s'applique aux expéditions prises ou rendues à domicile, dans toute la partie de Lyon et de ses faubourgs situés sur la rive gauche du Rhône.

Le prix de 60 fr., de domicile à domicile, s'applique aux expéditions prises ou rendues à domicile, dans toute la partie de Lyon et de ses faubourgs située sur la rive droite du Rhône.

Les expéditions remises en prises en gare jouiront sur les prix ci-dessus des bonifications ci-après par 1,000 kilogrammes.	Gares de Lyon-Guillotière et Lyon-St-Clair. . . .	3 f. » c.
	— de Genève	2 50
	— de Turin	1 50

Les Expéditions par wagon complet de 4,000 kilog., au minimum, ou payant pour ce poids, jouiront également d'une réduction de 0 f. 75 c. par 1,000 kilog. pour frais de manutention évités à Culoz.

Nota. Les Marchandises expédiées de ou pour station non dénommée ci-dessus, comprise entre deux stations dénommées, jouiront du bénéfice des présents Tarifs communs en payant pour la distance entière depuis la dernière station dénommée, située avant le lieu de départ, jusqu'à la première station dénommée, située après le lieu de destination, si la taxe, ainsi calculée, est plus avantageuse pour les Expéditeurs que celle des Tarifs particuliers de chaque Compagnie.

CONDITIONS

Pour les Expéditions faites aux présents Tarifs, le délai est fixé à 8 jours. Dans ce délai, la journée du Dimanche n'est pas comprise ; elle sera comptée en sus à cause du passage des douanes.

La Compagnie expéditrice seule perçoit en sus du prix de transport 0 f. 10 c. d'enregistrement sur chaque expédition.

Les Pommes de terre, les Betteraves et les Carottes en vrac ne sont reçues que par expédition de 4,000 kilogrammes au minimum. Les expéditions inférieures à 4,000 kilogrammes sont taxées pour ce poids s'il y a avantage pour l'Expéditeur.

Les conditions des Tarifs généraux de chaque Compagnie qui ne se trouvent pas modifiées par les dispositions qui précèdent, sont applicables aux transports qui font l'objet des présents Tarifs.

Avis important

Les Expéditeurs auront toujours le choix entre les prix et conditions des présents Tarifs communs et les prix et conditions des Tarifs généraux ou spéciaux de chaque Compagnie.

Homologué, à titre provisoire, par décision ministérielle du 24 juin 1859.

TARIFS

POUR LE TRANSPORT DE CERTAINES

De Lyon-Guillotière, Lyon-St-Clair, Genève

MARCHANDISES

PRIX DE TRANSPORT PAR 1,000 KILOGRAMMES

CHARGEMENT ET DÉCHARGEMENT COMPRIS

De Lyon-Guillotière et Lyon-St-Clair à TURIN ou retour

MODE DE Transport	DÉSIGNATIONS	PRIX de domicile à domicile	
		De Lyon-Guillotière à Turin	De Lyon-St-Clair à Turin
		F. C.	F. C.
Grande Vitesse	Marchandises en général	101 65	100 »
Petite Vitesse	MARCHANDISES de la 1re SÉRIE	81 10	80 »
Petite Vitesse	MARCHANDISES de la 2e SÉRIE	70 85	70 »

De Genève à Turin ou Retour

MODE DE Transport	DÉSIGNATIONS	PRIX de domicile à domicile
		F. C.
Grande Vitesse	Marchandises en général	95 »
Petite Vitesse	MARCHANDISES des 1re et 2e SÉRIES	67 »

De Mâcon (gare) à Turin (domicile) ou retour

MODE DE Transport	DÉSIGNATIONS	PRIX de Mâcon (gare) à Turin (domicile)
		F. C.
Grande Vitesse	Marchandises en général	102 »
Petite Vitesse	MARCHANDISES de la 1re SÉRIE	80 »
Petite Vitesse	MARCHANDISES de la 2e SÉRIE	70 »

Les expéditions remises ou prises en gare jouiront sur les prix ci-dessus des bonifications ci-après par 1,000 kilogrammes . . . .

Les expéditions par wagon complet de 4,000 kilog. au minimum, ou payant pour ce poids, jouiront également des réductions ci-après . . . .

gares de Lyon-Guillotière et Lyon-St-Clair . . . .
de Genève . . . .
du Turin
Grande vitesse . 1 fr. 30 c. } par 1,000 kilog. pour frais
Petite vitesse. » 75 } de manutention évités à Culoz

3 fr. » c.
2 » 50
1 » 80

NOTA. Les Marchandises expédiées de ou pour une station non dénommée ci-dessus, comprise entre deux stations dénommées, jouiront du bénéfice des présents Tarifs communs, en payant pour la distance entière depuis la dernière station dénommée située avant le lieu de départ, jusqu'à la station dénommée située après le lieu d'de destination, si la taxe, ainsi calculée, est plus avantageuse pour les Expéditeurs que celle des Tarifs particuliers de chaque Compagnie.

COMMUNS

MARCHANDISES, DES FINANCES ET VALEURS

et Macon, en destination de Turin et réciproquement.

FRAIS DE COMMISSION EN DOUANE

EXPÉDITION composée D'UN OU DE PLUSIEURS COLIS	MARCHANDISES EN VRAC	SELS DE MER ET SELS GEMMES
Par Colis	Par Tonne	Par Wagon
0 fr. 25 c.	1 fr.	0 fr. 50 c.

NOMENCLATURE

DES MARCHANDISES EXONÉRÉES DES FRAIS DE COMMISSION EN DOUANE

Animaux vivants. Anthracite. Ardoises. Argiles. Asphalte. Bois de construction en grume, en planches et plateaux. Briques. Céréales. Charbons de bois.

Châtaignes et Marrons. Chaux. Ciments. Cokes. Cuivres bruts en barres, en lingots et en planches. Écorces. Engrais. Farines. Fers bruts en barres et en boites.

Fil de fer. Fonte brute. Fromages. Graines de prairies. Houille. Lignites. Maïs. Matériaux de toute espèce. Minerais de tout espèce. Noisettes et avelines.

Noix. Os et cornes de bétail bruts. Pierres à plâtre et à chaux. Plâtre moulu. Pommes de terre. Rachines à vergettes. Riz en grains. Tuiles.

Nota. Toutes les formalités de douane, à l'entrée comme à la sortie, sont faites par les Agents de la Compagnie, moyennant le paiement, pour chaque bureau, des prix fixés ci-dessus.

Ces prix ne comprennent pas les déboursés pour plombs, cordes et timbres des acquits, ni les droits proprement dits de douane ou de régie, dont le montant est justifié sur production de quittance.

Au-dessus de 100 kilog, la perception aura lieu par fraction indivisible de 100 kilog, soit 101 kilog, comme 200 et ainsi de suite.

FINANCES ET VALEURS

TRANSPORT DE DOMICILE A DOMICILE (Grande Vitesse)	PRIX PAR 1,000 FRANCS
De LYON, GENÈVE et MACON à TURIN et réciproquement.	1 fr. 50 c.

DÉSIGNATION DES MARCHANDISES

GRANDE VITESSE

Marchandises en général. — Finances et Valeurs.

PETITE VITESSE

1re SÉRIE

Absinthe en balles. — Absinthe en caisses ou en paniers. — Acides acétiques en touries. — Acide hydrochlorique. — Acide minéral. — Acide citrique. — Acide nitrique. — Acide oléique. — Acide sulfurique. — Acide tartrique. — Agaric. — Aiguilles à coudre et à tricoter. — Ail. — Albâtre façonné. — Albumine. — Alcalis. — Alcool en caisses ou en paniers. — Allumettes chimiques sous réserves spéciales. — Alun. — Amadou. — Amandes. — Ambre. — Amidon. — Anchois en boîtes — Anchois en barils. — Anis. — Appareils à gaz. — Arbres et arbustes vivants emballés. — Armes de luxe et de chasse. — Arrow-root et autres fécules exotiques. — Arsenic. — Articles dits d'industrie parisienne non dénommés. — Artifices. — Aspic (Huile d'). — Avelanèdes. — Balais. — Baleine ouvrée. — Bascules non encaissées. — Baume. — Benjoin. — Beurre frais. — Beurre fondu en pots. — Beurre salé ou fondu en barils ou en tinettes. — Bières en caisses ou en paniers. — Billards. — Billes en grès. — Bimbeloterie. — Bismuth. — Blanc d'argent. — Blanc de baleine. — Bleu de Prusse. — Bleu d'outremer. — Bois d'ébénisterie en feuilles ou façonné. — Bois de fusil. — Bois de fusin. — Bois de menuiserie façonnés. — Boissellerie. — Boissons non dénommées en caisses ou en paniers. — Bonneterie. — Borate de soude. — Bouchons. — Bougies. — Bourre de poils d'animaux. — Bourre de soie et de laine. — Bouteilles vides emballées. — Bronzes d'art. — Brosserie. — Bruyères en balles. — Cacao. — Cachou. — Cadres emballés. — Cadres non emballés, sans garantie. — Café en sacs ou en barils. — Cages vides. — Caisses et coffres-forts. — Caisses vides non démontées. — Caisses de voitures. — Calicots écrus non emballés, sans garantie. — Calicots blanchis et apprêtés. — Camphre. — Cannelle. — Cantharides. — Capres. — Caoutchouc. — Caractères d'imprimerie. — Carbonate d'ammoniac en barils. — Cardamome. — Cardes. — Carreaux en faïence et en marbre. — Caret. — Carrosserie. — Carottes emballées. — Cartes à jouer. — Cartonnage. — Cascarille. — Cendres d'orfèvres. — Cévadille. — Chaises non emballées. — Champignons. — Chandelles. — Chapeaux en palmier ou en latanier. — Chanvre filé. — Chapeaux de paille en caisses. — Chapellerie. — Charcuterie fraîche. — Chardons. — Chasselas en paniers ou en caisses. — Chaudronnerie non dénommée. — Chaussures. — Cheveux. — Chicorée. — Chiques. — Chlore et chlorure. — Chloroforme. — Chocolat. — Choucroûte. — Choux verts. — Chromate de fer. — Chromate non dénommé. — Cigares. — Cinabre. — Cire à cacheter. — Citrate. — Citrons en caisses. — Clous en laiton. — Cobalt. — Cochenille. — Cocons. — Cocos. — Colis de contenu inconnu. — Colle de poissons. — Comestibles frais. — Compteurs à gaz. — Confiserie. — Conserves alimentaires. — Copahu. — Copal. — Corail. — Cornes ouvrées. — Cornichons. — Corroierie. — Coton filé. — Coton cardé. — Couleurs fines. — Couleurs non dénommées. — Coutellerie. — Couvertures de laine et de coton. — Crayons. — Crème de tartre. — Crémone (quincaillerie). — Crin ouvré. — Cristaux emballés. — Cristaux de soude. — Cubèbe. — Cuirs ouvrés. — Cuirs vernis, maroquinés ou teints. — Cuivres ouvrés. — Cumin. — Curcuma en poudre. — Dames-jeannes emballées. — Daguerréotypes. — Dattes. — Denrées coloniales non dénommées. — Dentelles. — Dents d'éléphants. — Draperies. — Dragées. — Drogueries non dénommées. — Duvet. — Eau de Cologne en bouteilles ou en fûts. — Eau de fleurs d'orangers. — Eau régale. — Écaille. — Effets à usage — Élastiques (ressorts pour meubles). — Ellébore. — Émail. — Émeri. — Encens. — Encre en bouteille. — Épicerie non dénommée. — Épingles en paquets ou en caisses. — Épingles en tonneaux. — Éponges. — Équipements militaires. — Escargots. — Essence de thérébentine en touries. — Essences non dénommées. — Estampes encadrées. — Estampes en feuilles. — Étain ouvré. — Éther. — Étoffes de coton, laine, lin et soie. — Euphorbes. — Faïence. — Fécules exotiques. — Fer battu (objets en). — Fer-blanc (objets en). — Fer ouvrés pour ornements. — Feuilles de latanier. — Feuilles de mûrier. — Feuilles médicinales. — Feuilles d'oranger. — Feutres. — Fil de coton, lin, laine et soie. — Fleurs fraîches. — Fleurs sèches. — Fleurs artificielles. — Fleur de soufre. — Foie d'oie. — Fontes moulées. — Formes à sucre en terre cuite. — Formes à sucre en tôle. — Fournitures de bureaux. — Fourneaux économiques. — Fourrures. — Fromages frais. — Fruits. — Galbanum. — Galles (noix de). — Gantérie. — Gélatine. — Genièvre en graines. — Gentiane. — Gibier frais. — Gingembre. — Girofle. — Glaces emballées. — Gluten. — Gomme arabique. — Gomme laque ou copal. — Graines résineuses. — Graines tinctoriales. — Graines de moutarde. — Griffes de girofle. — Guiseng. — Gutta-Percha. — Hermodate. — Horlogerie. — Horloges de Strasbourg et de Morez. — Houblon en balles. — Huile de foie de morue. — Huiles en caisses ou en paniers. — Huile d'olive, en petits fûts ou en jarres. — Huiles essentielles non dénommées. — Huîtres. — Immortelles. — Indiennes. — Indigo. — Instruments d'optique et de précision. — Imprimés. — Ipécacuanha. — Iode. — Iris. — Ivoire. — Julap. — Jambons en caisses. — Jarres. — Joncs bruts. — Jouets. — Jujube. — Jus de citron en fûts. — Jus de fruits. — Kermès. — Lainages. — Laines. — Laines en suint. — Laines lavées. — Lait. — Lames de scie. — Lampes. — Lampisterie (objets manufacturés). — Laque. — Latanier. — Laudanum. — Légumes en conserves. — Légumes frais. — Levure de bière. — Librairie. — Lichen pressé. — Liège ouvré. — Liège brut. — Limes. — Lin filé. — Lingerie. — Liqueurs en caisses ou en paniers. — Liquide en bombonnes. — Literie. — Lits en fer. — Machines et mécaniques non emballées. — Magnésie. — Manches de fouets dits Perpignan, fléaux. — Mannes. — Marbre ouvrés. — Maroquin. — Médicaments non dénommés. — Mercerie. — Mercure. — Mèches de coton. — Mèches de mineurs. — Meubles emballés. — Meubles non emballés, sans garantie. — Miel. — Mines de plomb. — Monnaie de cuivre ou de billon. — Morfil. — Moucherie (miel, ruches). — Moules pour modèles. — Mousses. — Moutarde en pots. — Moutarde en barils. — Muriate de potasse. — Musc. — Muscade. — Myrrhe. — Nacre brut. — Naphte. — Nattes. — Nerprun. — Nitrate de soude et de potasse. — Noir de fumée. — Noir léger. —

Noisettes. — Noix de galle. — Noix sèches. — Noix fraîches. — Noix vomiques. — Noyaux concassés. — **O**bjets d'art et de collection non dénommés, en caisses. — Objets non dénommés de toute nature, d'une longueur de 13 à 20 mètres. — Objets en verres. — Objets manufacturés non dénommés. — OEufs sans garantie de casse. — Oignons de toute nature. — Oléine. — Olives. — Onglons. — Opium. — Oranges, — Orangettes. — Orge perlé. — Os de sèche. — Os ouvrés. — Osiers en bottes. — Ouates. — Outils non dénommés. — **P**aillassons. — Paille fine et tressée. — Pains d'épices. — Paniers vides. — Panneaux de faïence. — Papeterie. — Papier en rames non emballé, sans garantie. — Papier non emballé. — Papiers peints. — Parchemin — Parfumerie. — Passementerie. — Pastel. — Pâtes alimentaires et potagères non dénommées. — Pâtes d'Italie non dénommées. — Pâtisserie. — Peausserie. — Peaux ouvrées ou teintes. — Pelleterie ou fourrures. — Pelures de cacao. — Pendules. — Phosphore en caisses ou en barils. — Pianos emballés. — Pièces d'artifices en caisses. — Pièces de machines et mécaniques démontées non emballées. — Pierres lithographiques dessinées. — Pierres ponces. — Pipes en caisses. — Pistaches. — Planches d'impression. — Plantes vivantes emballées. — Plantes vivantes de 500 kilogrammes, sans garantie. — Plomb ouvré. — Plumes. — Plumes de parure en caisses. — Poêleries en faïence. — Poêles en fonte. — Poêle en tôle. — Poids à peser en cuivre. — Poil de chèvre. — Poires et pommes fraîches, sans garantie. — Poissons en boîtes. — Poissons frais. — Poissons salés ou secs. — Poivre. — Poncire à l'eau de mer. — Porcelaine emballée. — Poterie fine emballée. — Poudre de guerre, chasse, mines. — Préparations pharmaceutiques. — Presses lithographiques. — Présure. — Produits chimiques non dénommés. — Prunes et pruneaux en sacs ou en caisses. — Prussiate de potasse. — **Q**uincaillerie fine. — Quinquina. — **R**aisiné. — Raisins frais.— Raisins secs. — Réglisse (bois et sucs de). — Ressorts de voitures et wagons. — Rhubarbe. — Rhum en caisses ou en paniers. — Rocou et autres pâtes tinctoriales. — Roseaux. — Rotins. — Rouennerie. — Rouleaux d'impression. — Rubannerie de soie, fil et coton. — **S**afran. — Safranum. — Sagou. — Saindoux. — Salaison non dénommée en caisses. — Salep. — Salsepareille. — Sang liquide ou desséché en fûts. — Sangsues, sans garantie. — Sardines en boîtes. — Sardines en barils. — Sauçissons. — Saumure. — Savons fins. — Savons dits de Marseille, en pains et en vrac. — Scamonnées. — Scilles. — Sébeste. — Sellerie. — Sel d'étain. — Serpentaire de Virginie. — Serrurerie fine. — Séné. — Simarouba. — Sirops. — Soies brutes ou manufacturées. — Soies de porcs. — Soieries. — Sommiers élastiques. — Soufre raffiné en caisses, en sacs ou en fûts. — Sparterie. — Spiritueux en caisses ou en paniers. — Statues en caisses. — Storax. — Sucre candi. — Sucre raffiné en vrac ou avec emballage en papier. — Sucre raffiné en caisses, en fûts ou emballés en cadres. — Sucres vergeoises, en couffes ou en barils. — Sucre raffiné en futailles ou emballé en cadre. — Suif épuré. — **T**abacs en feuilles. — Tabacs manufacturés. — Tableaux en caisses. — Tabletterie. — Tafia en caisses ou en paniers. — Taillanderie. — Tamarins. — Tamis. — Tapioca — Tapis. — Terrines en caisses. — Thé. — Thon mariné. — Tissus. — Toiles cirées. — Toiles de coton, dite calicot, emballée. — Toiles fines ouvrées et unies. — Toiles métalliques. — Toiles peintes. — Toiles de treillis. — Tôle ouvrée. — Trois six en caisses ou en paniers. — Truffes fraîches. — Turbites. — **V**anille. — Vannerie. — Velours. — Vermicelle. — Vermillon. — Vermouth en caisses ou en paniers. — Vernis. — Verrerie fine. — Vêtements en caisses. — Vétiver. — Viande fraîche. — Viande, jambons fumés en caisses ou en tonneaux. — Vins en caisses ou en paniers. — Vins. — Vinaigre en caisses ou en paniers (taxé à 2 kilogrammes par bouteilles). — Voitures démontées. — Volailles mortes ou vivantes. — Zinc ouvré.

2e SÉRIE

Absinthe en fûts. — Acajou en billes. — Acier en barres. — Acier brut en bottes ou en lingots. — Agrès et ancres de marine. — Alcool en fûts. — Alizaris. — Alquifoux. — Antimoine cru. — Antimoine régule. — Arrachide. — Aveine. — Axes ou essieux bruts, droits ou coudés. — **B**âches en toile ou en cuirs. — Balais communs, de bouleau et de bruyère. — Basculés encaissées. — Betteraves emballées. — Bielles. — Bières et boissons en fûts. — Biscuits de mer. — Blanc de ceruse. — Blanc de Meudon. — Blanc de Troyes. — Blanc de zinc. — Bois de charpente, lattes, planches et madriers de 6^m 50 c. à 13 ^m. — Bois de charpente et madriers de 13 à 20 mètres. — Bois de cornouiller. — Bois pour brosses. — Bois exotiques. — Bois de teinture en bûches. — Bois de teinture moulus ou effilés. — Boissons non dénommées en fûts. — Boudes. — Borax. — Bouteilles vides en vrac, par chargement d'au moins 4,000 kilogrammes, emballage, déballage, chargement, déchargement, aux soins, frais et risques du propriétaire de la marchandise, et sans garantie pour la casse en route. — Brai en barriques. — Broches et fossets. — Bronzes en lingots. — **C**âbles et chaines en fer. — Caisses démontées en plateaux. — Caisses d'horlogerie emballées. — Camions et charrettes démontés. — Caramel en baril. — Carbonate de potasse. — Carbonate de soude. — Carreaux en faïence, sans garantie. — Carreaux de marbre, sans garantie. — Carreaux de pierre, sans garantie. — Carreaux de ciment. — Carreaux de dalles de pierres. — Carottes, par expédition d'au moins 4,000 kilogrammes. — Carton brut en feuilles. — Carton en pâte. — Carton lisse en feuilles. — Caroubes. Cercles en bois. — Cercles en fer. — Céruse en barils. — Chaines en vracs ou en barils. — Chanvre brut. — Charronnage. — Chaudronnerie en fer. — Chiendent pour brosses. — Chiffons en balles. — Chinois à l'eau de mer. — Cidre en fûts. — Cidre en caisses ou en paniers. — Cirage. — Cire brute. — Clous en tonneaux, en caisses ou en paniers. — Coaltar en tonneaux. — Colle forte. — Colophane. — Cordages et cordes. — Corinthe. — Cornes non ouvrées. — Cornières en fer. — Coton brut. — Couleurs communes en barils. — Couperose. — Creusets. — Crics. — Crin végétal. — Crin brut. — Cruchons vides. — Cuirs bruts, verts, salés ou secs. — Cuirs tannés. — Cuivre brut, en lingots, en barres ou en planches. — Cuivre de doublages. — Curcuma en racines. — **D**ames-jeannes en vrac (par expédition de 4,000 kilogrammes au minimum, emballage, déballage, chargement et déchargement aux frais et risques du propriétaire de la marchandise). — Déchets de cornes, d'os. — Déchets de frisons. — Déchets de papiers. — Déchets de tannerie. — Dégras de peaux. — Dextrine, gomme, fécule de pommes de terre. — Dividivi. — Douves ou douelles. — Drilles. — **E**au de mer. — Eau de javelle, en touries. — Eau-de-vie en fûts. — Eau distillée. — Eau minérale, en caisses, paniers ou en fûts. — Echalas. — Ecorce en bottes. — Ecorce de quinquina. — Ecorces de quercitron, entières ou moulues. — Enchape. — Encre en fûts. — Epine-vinette. — Essieux ou axes bruts, droits ou coudés. — Essieux montés. — Essieux non montés. — Essieux tournés. — Etain brut en lingots. —

..... — ....oupes en balles. — Extrait de bois de teinture non dénommés, en fûts. — Faïence emballée en cadres, par expédition de deux cadres pesant chacun 1,800 kilogrammes au minimum. — Faïence non emballée , par expédition de 4,000 kilogrammes au minimum, emballage, déballage, chargement et déchargement aux frais, risques et périls du propriétaire de la marchandise. — Faines. — Fanons de baleines. — Farine de moutarde et de lin, — Farineux alimentaires. — Faulx. — Faussets emballés. — Fécules céréales. — Fer feuillard. — Fer-blanc en feuilles, emballé. — Fer en barres. — Fer en feuilles. — Fer en pièces forgées. — Ferronnerie. — Feuilles de maïs. — Féveroltes. — Fèves. — Ficelles emballées. — Filasse. — Fil de cuivre. — Fil de fer. — Fil de laiton. — Filtres en grès emballés. — Fontes moulées, sans garantie de casse. — Fourrages verts ou secs, en balles pressées, pesant plus de 200 kilog. sous le volume d'un mètre cube, par expédition de 5,000 kilogrammes au minimum. — Friperie en sac ou en paquet. — Frisons de soie. — Fromages de Gruyère frais ou secs. — Fustets. — Fûts vides. — Galène.— Galipot. — Garance. — Garancine. — Gaudes en boîtes. — Glands doux. — Glucose. — Glu marine. — Goudron. — Graines non dénommées. — Graines céréales en sacs. — Graines fourragères, oléagineuses, chanvre, colza, lin , luzerne, navette, œillette, sain-foin et trèfles, en sacs. — Graines potagères. — Grains (céréales).— Graisse.— Graphite. — Grenaille. — Groisil. — Gruaux en sacs. — Halfa. — Harengs salés ou saurs.— Huile de graines en fûts. — Huile d'olive en bottes. — Huile de schiste.— Instruments aratoires. — Issues de graines. — Jantes en bois (charronnage). — Jarres, sans garantie. — Jaune de chrôme et de Naples. — Jarosses. — Kaolin. — Laedye. — Laiton en feuilles. — Laiton en saumons. — Langues de bœuf fumées. — Lard. — Légumes secs en sacs. — Lentilles. — Leviers. — Limaille de fer et de cuivre en tonne.— Limes en barils.— Lin peigné ou non peigné. — Liqueurs en fûts. — Lisières de drap. — Litharge. — Louchets.— Macaroni. — Macarons.— Machines et mécaniques emballées.— Machines et mécaniques non emballées, sans garantie. — Manganèse.— Marbres en tranches.— Marc d'olives.— Mastic.— Mélasse. — Métaux bruts non dénommés. — Métaux ouvrés non dénommés. — Meules à aiguiser.— Meules à moudre. — Millet. — Mines oranges — Minium. — Morue verte ou sèche, en barils ou en paquets. — Moyeux (charronnage).— Natrons. — Navets, par expédition de 4,000 kilog. au minimum. — Noir d'os. — Objets en bois communs tournés ou non tournés pour manches d'outils divers. — Orpiment. — Orseille. — Os bruts concassés. — Paille et paille de maïs, en bottes pressées pesant plus de 200 kilogrammes sous le volume d'un mètre cube, par expédition de 5,000 kilogrammes au minimum. — Palmier (feuilles et tiges). — Panneaux de faïence , sans garantie. — Papier à sucre. — Papier d'emballage. — Papier en caisses ou emballé. — Papier non dénommé. — Peaux brutes, fraîches ou sèches. — Peaux corroyées ou tannées. — Pelles montées. — Pelles non montées. — Perches et chevrons. — Perlasses. — Pièces brutes de forges, bielles, leviers, boîtes à graisse. — Pièces de machines et mécaniques démontées, non emballées , sans garantie. — Pièces de machines et mécaniques démontées, emballées. — Pièces en fonte pour ponts. — Pierres à aiguiser. — Pierres à faulx. — Pierres à feu ou silex. — Pierres lithographiques. — Pierre ou terre de Salinelle. — Pierres taillées. — Piment. — Plants au mille, sans garantie. — Plombagine. — Plomb de chasse. — Plomb en tuyaux ou feuilles. — Poêles en tôle , sans garantie. — Poids à peser en fonte. — Poil de chameau. — Pointes de Paris. — Pois secs en sacs. — Poix. — Pommes de pin en sacs. — Pommes de terre en vrac. — Porcelaine emballée en cadres, par expédition de deux cadres pesant chacun 1,800 kilogrammes au minimum. — Porcelaine en vrac par expédition d'au moins 4,000 kilogrammes, emballage, déballage, chargement et déchargement aux frais, risques et périls du propriétaire de la marchandise. — Potasse. — Poteaux télégraphiques. — Poterie commune emballée. — Poterie emballée en cadres , par expédition de deux cadres, pesant chacun 1,800 kilogrammes au minimum. — Poterie en vrac, par expédition d'au moins 4,000 kilogrammes , emballage , déballage , chargement et déchargement aux frais, risques et périls du propriétaire de la marchandise. — Quartz. — Quercitron. — Quincaillerie grosse. — Racines de chicorée — Racines de guimauve. — Racines non dénommées. — Redoul. — Résidus de boucherie. — Résine. — Rhum en fûts. — Riz en barils ou en sacs. — Rognures de cuirs. — Roues de wagons ou de machines, montées ou non montées. — Sabots en bois. — Sacs vides en usage. — Salaison non dénommée en fûts. — Salpêtre. — Sarrasin en sacs. — Savons en caisses, dits de Marseille , sans garantie de conditionnement. — Savons mous en barils. — Sel de plomb. — Sel de potasse, soude, ammoniac et zinc. — Sel de Saturne. — Semoule. — Serrurerie commune. — Sésame. — Socs de charrues. — Sorgho. — Soude. — Soude raffinée. — Soudure de cuivre. — Soufre brut en masses. — Sparte brut en couffes. — Spiritueux en fûts ou en bonbonnes non dénommés. — Stéarine. — Suc de châtaigniers. — Sucre brut. — Suie calcinée. — Suif. — Suif brut fondu en barils, en caisses ou en pains. — Sulfates de cuivre, fer, potasse, soude, zinc et baryte. — Sulfates non dénommés. — Sumac. — Tafia en fûts. — Talc. — Tannins. — Tan en sacs. — Tartre brut. — Tartre raffiné. — Terre d'ombre et de Sienne. — Thérébentine. — Toiles à sacs. — Toies à voiles. — Toiles d'emballage. — Tôle d'acier. — Tôle fine, sans garantie. — Tôle forte. — Tôle galvanisée, en feuilles minces. — Tonneaux vides. — Tournesols. — Tripoli. — Trois-six en fûts. — Tubes en fer et en cuivre. — Tuyaux de cuivre en caisses. — Tuyaux en tôle bitumée, sans garantie. — Tuyaux de fonte, sans garantie. — Varech. — Verdet. — Verjus. — Vermouth en fûts. — Verres à vitres en caisses. — Vesces en sacs. — Vert de gris. — Vinaigre en fûts. — Vins en fûts. — Vitriol vert. — Vitriol bleu. — Zinc en feuilles. — Zinc en saumons et en plaques.

Nota. Dans la classification qui précède les mots : *sans garantie* s'appliquent seulement *aux avaries de roue*.

CONDITIONS

Pour les Expéditions faites aux présents Tarifs, les délais sont fixés à 4 jours pour la grande vitesse et à 8 pour la petite vitesse. Dans ces délais la journée du Dimanche n'est pas comprise; elle sera comptée en sus à cause du passage des douanes.

La Compagnie expéditrice seule perçoit en sus du prix de transport 0 f. 10 c. d'enregistrement sur chaque expédition.

Les Pommes de terre, les Betteraves et les Carottes en vrac ne sont reçues que par expédition de 4,000 kilogrammes au minimum. Les expéditions inférieures à 4,000 kilogrammes seront taxées pour ce poids s'il y a avantage pour l'Expéditeur.

Les conditions des Tarifs généraux de chaque Compagnie qui ne se trouvent pas modifiées par les dispositions qui précèdent, sont applicables aux transports qui font l'objet des présents Tarifs.

Avis important

Les Expéditeurs auront toujours le choix entre les prix et conditions des présents Tarifs communs et les prix et conditions des Tarifs généraux ou spéciaux de chaque Compagnie.

Homologué, à titre provisoire, par décision ministérielle du 24 juin 1859.

Compagnies des Chemins de Fer

DE

LYON à GENÈVE, de PARIS à LYON et à la MÉDITERRANÉE et de l'OUEST

TARIF COMMUN

à Prix Réduits

POUR LE

TRANSPORT DES ÉMIGRANTS

ET DE LEURS BAGAGES

STATIONS		DISTANCE kilométrique	VOYAGEURS		BAGAGES
			Voitures de 3ᵉ Classe		PRIX par 1,000 kil.
DE DÉPART	DE DESTINATION		Places entières	Demi-Places	chargement et déchargᵗ compris
GENÈVE	HAVRE	855	fr. 36 c. 50	fr. 18 c. 30	fr. 191 c. 30
	DIEPPE	827	36 50	18 30	184 30

Nota. — Chaque émigrant a droit au transport gratuit de **100** kilog. de bagages.

Les Enfants de 3 à 12 ans paient demi-place et jouissent du transport gratuit de **50** kil. de bagages.

Au-dessous de 3 ans, les Enfants ne paient pas et n'ont droit à aucun bagage en franchise.

Les excédants de bagages sont taxés d'après les prix fixés ci-dessus. Ces prix s'appliquent :

De **0** à **5** kilog. par fraction indivisible de **5** kilog.
De **5** à **10** kilog. id. id. de **10** kilog.
Au-dessus de **10** kilog. id. id. de **10** kilog.

Il sera ajouté **10** centimes pour enregistrement ; ce droit sera perçu par la Compagnie expéditrice seule.

Homologué, à titre provisoire, par décision ministérielle du 30 juillet 1859.

CHEMINS DE FER DE LYON A GENÈVE, DE GENÈVE-VERSOIX ET DE L'OUEST-SUISSE

Transport de certaines Marchandises au départ de Lyon-Guillotière (gare) en destination d'Iverdon

PAR EXPÉDITION DE 4,000 KILOGRAMMES AU MINIMUM

DÉSIGNATION DES MARCHANDISES

Ire Série. — Cacao, Café, Carbonate de potasse et de soude, Chlorure de chaux, Cotons, Cristaux de soude, Extrait de teinture, Fromages Graines fourragères, Graines tinctoriales Huiles en fûts, Mélasse, Nitrate, Orseille, Potasse, Savons, Sel de soude et de potasse, Soude, Sulfate de soude et de potasse, Sucre brut, Troix-Six et Eaux-de-Vie, Vins et Vinaigres en fûts.

2me Série. — Fers en barres, Métaux bruts, Produits métallurgiques, Plombs en saumons et en rouleaux.

PRIX PAR 4,000 KILOGRAMMES

(Frais de manutention non compris)

DE LA GARE CI-DESSOUS A LA GARE CI-CONTRE	DISTANCE KILOMÉTRIQUE	IVERDON (Suisse)		DÉLAI
		PRIX		
		1re SÉRIE	2me SÉRIE	
LYON-GUILLOTIÈRE (gare). . . .	256 kil.	20 fr. 48	16 fr. 82	8 jours

Les marchandises expédiées de ou pour une Station non dénommée ci-dessus, comprise entre deux Stations dénommées, jouiront du bénéfice du présent Tarif en payant pour la distance entière depuis la dernière Station dénommée, située avant le lieu de départ, jusqu'à la première Station dénommée, située après le lieu de destination, si la taxe ainsi calculée est plus avantageuse pour les Expéditeurs que celle des Tarifs particuliers de chaque Compagnie.

CONDITIONS

Les prix ci-dessus sont fixés de Gare en Gare.

La Compagnie expéditrice seule perçoit 0 fr. 10 c. pour droit d'enregistrement.

Tout Wagon chargé de moins de 4,000 kilogrammes sera taxé pour 4,000 kilogrammes, à moins que l'Expéditeur n'ait avantage à payer le prix des Tarifs particuliers de chaque Compagnie.

Au delà de 4,000 kilogrammes, l'excédant chargé sur chaque Wagon sera taxé au présent Tarif et par fraction indivisible de 10 kilogrammes.

Le chargement et le déchargement sont faits par les soins et aux frais des Expéditeurs et des Destinataires.

Lorsque la Compagnie fera ces deux opérations ou seulement l'une d'elles, elle percevra 0 fr. 75 c. pour chaque opération.

Les Compagnies ne répondent pas des déchets et avaries de route.

L'enlèvement de la Marchandise doit avoir lieu dans les quarante-huit heures qui suivent la réception de la lettre d'avis annonçant l'arrivée en Gare. Passé ce délai, la Marchandise sera soumise à un droit de magasinage fixé à 0 fr. 02 c. par 100 kilogrammes et par jour. Pour l'exécution de cette clause, tout Destinataire qui n'aura pas son domicile dans la localité voisine de la Gare, sera tenu d'y désigner un représentant pour recevoir les avis de la Compagnie destinataire. A défaut par lui de le faire, le délai de quarante-huit heures courra à partir du moment où la lettre d'avis aura été déposée au bureau de poste de la localité.

Toute Marchandise qui, sur la demande spéciale des Expéditeurs ou des Destinataires, sera soumise à un pesage en dehors de celui que la Gare expéditrice fait à ses frais au départ pour établir la taxe, sera passible d'un droit de 0 fr. 075 mil. par fraction indivisible de 100 kilogrammes.

NOTA. — Les déboursés payés à GENÈVE par la Compagnie **Ouest-Suisse**, lors de la transmission de la Marchandise, sont soumis, au profit de cette Compagnie et exclusivement sur son parcours, à une taxe calculée d'après les bases ci-après :

Au-dessus de 10 fr. jusqu'à 50 fr. inclusivement. . . . . 0 fr. 20 c.

Id. 50 fr. et par fraction indivisible de 100 francs. . 0 fr. 30 c.

Les conditions des Tarifs généraux de chaque Compagnie qui ne se trouvent pas modifiées par les dispositions qui précèdent sont applicables aux transports qui font l'objet du présent Tarif.

Avis important

Les Expéditeurs auront toujours le choix entre les prix et conditions du présent Tarif et les prix et conditions des Tarifs généraux ou spéciaux de chaque Compagnie.

Homologué, à titre provisoire, par décision ministérielle du 27 août 1859.

COMPAGNIES DES CHEMINS DE FER
DE PARIS A LYON ET A LA MÉDITERRANÉE ET DE LYON A GENÈVE.

Transport à **PETITE VITESSE** de la houille expédiée de Chagny (ligne de Paris à Lyon et à la Méditerranée) en destination de Bourg, Culoz et Genève (ligne de Lyon à Genève) et réciproquement,

Des Stations ci-contre à la Station suivante.	PRIX PAR 1,000 KILOGRAMMES DE GARE EN GARE, FRAIS DE MANUTENTION NON COMPRIS.								
	BOURG.			**CULOZ.**			**GENÈVE.**		
	Distance.	PRIX.	Délai.	Distance.	PRIX.	Délai.	Distance.	PRIX.	Délai.
CHAGNY. . . .	112k.	6 fr.	2 jrs	193k.	11 f. 30 c.	2 jrs	259k.	14 f. 05 c.	3 jrs

NOTA. — La houille expédiée de ou pour une station non dénommée ci-dessus, mais comprise entre deux stations dénommées, jouira du bénéfice du présent Tarif commun, en payant pour la distance entière depuis la dernière station dénommée située avant le lieu de départ, jusqu'à la première station dénommée située après le lieu de destination, si la taxe, ainsi calculée, est plus avantageuse pour les Expéditeurs que celle des Tarifs particuliers de chaque Compagnie.

Frais accessoires.

ENREGISTREMENT. — La Compagnie expéditrice seule perçoit 0 fr. 10 c. pour enregistrement.

CHARGEMENT ET DÉCHARGEMENT. — Le chargement et le déchargement seront faits par les soins et aux frais des Expéditeurs ou des Destinataires ; dans le cas où les Compagnies seraient chargées de faire ces deux opérations ou seulement l'une d'elles, elles percevront 0 fr. 75 c. par tonne pour chaque opération.

DROIT DE GARE. — Le droit de gare à Macon est fixé à 0 fr. 20 c. par tonne pour chaque Compagnie. (Il s'applique par fraction indivisible de 10 kilogrammes avec un minimum de perception de 0 fr. 05 c.

MAGASINAGE. — Pour toute expédition adressée en gare, le Destinataire doit avoir complété l'enlèvement dans les vingt-quatre heures après la réception de la lettre d'avis, à défaut de quoi la Marchandise sera, au choix de la Compagnie, ou mise à terre, aux frais, risques et périls du Destinataire, et le magasinage perçu à raison de 2 centimes par jour et par fraction indivisible de 100 kilogrammes, ou laissée sur les wagons, et il sera perçu un droit de stationnement de 0 fr. 10 c. par jour de retard, et par fraction indivisible de 100 kilogrammes.

PESAGE. — Il sera perçu pour toute expédition qui, sur la demande de l'Expéditeur ou du Destinataire, serait soumise à un pesage extraordinaire (en dehors de celui que la Compagnie fait à ses frais et au départ pour établir sa taxe) un droit fixe de 0 fr. 10 c. par fraction indivisible de 100 kilogrammes et par chaque pesage supplémentaire.

CONDITIONS.

La Marchandise sera expédiée dans les quatre jours qui suivront son enregistrement. La durée du trajet, indiquée ci-dessus, sera augmentée de deux jours pour les vérifications en Douane et les opérations de la gare d'arrivée.

Les Compagnies ne répondent pas des déchets de route.

L'application du présent Tarif reste soumise aux conditions ordinaires des Tarifs généraux des deux Compagnies, en tout ce qui n'est pas contraire aux dispositions qui précèdent.

Avis important.

Le présent Tarif commun ne fait point obstacle à l'application des Tarifs généraux ou spéciaux des deux Compagnies des Chemins de fer de Paris à Lyon et à la Méditerranée et de Lyon à Genève, lorsqu'elle est réclamée par l'Expéditeur.

Homologué, à titre provisoire, par décision ministérielle du 31 août 1859.

No 13 G.

COMPAGNIES DES CHEMINS DE FER

DE LYON A GENÈVE, DE GENÈVE-VERSOIX ET DE L'OUEST-SUISSE

BILLETS DIRECTS

A PRIX RÉDUITS

Au départ de **LYON** et **MACON** pour **INTERLAKEN** (Oberland Bernois)

Valables pour Dix jours

AVEC ARRÊT FACULTATIF AUX STATIONS SUIVANTES :

Genève, Lausanne, Yverdon, Neuchâtel, Bienne (Nidau), *Berne et Thoune.*

LIEUX		PRIX par Voyageur		Répartition des Distances et Prix			
DE DÉPART	D'ARRIVÉE	1re classe	2e classe	INDICATION des parcours	DISTANCES	PRIX 1re classe	PRIX 2e classe
		F. C.	F. C.	LYON-GENÈVE ...	185 k.	F. C. 18 65	F. C. 14 »
MACON	INTERLAKEN . .	46 55	36 35	GENÈVE-VERSOIX	13 193	1 25	» 85
				OUEST-SUISSE . .	»	26 65	21 50
				LYON-GENÈVE . .	162 k.	16 35	12 25
LYON (Brotteaux)	Id.	44 25	34 60	GENÈVE-VERSOIX	13 193	1 25	» 85
				OUEST-SUISSE . .	»	26 65	21 50

Homologué, à titre provisoire, par décision ministérielle du 12 septembre 1859.

CHEMINS DE FER

D'ORLÉANS, de PARIS à LYON et à la MÉDITERRANÉE et de LYON à GENÈVE

TRANSPORT DES ÉMIGRANTS

ET DE LEURS BAGAGES

STATIONS		DISTANCE kilométrique	VOYAGEURS		BAGAGES
			Voitures de 3ᵉ Classe		PRIX par 1,000 kil.
DE DÉPART	DE DESTINATION		Places entières	Demi-Places	chargement et décharg^nt compris
			fr. c.	fr. c.	fr. c.
GENÈVE	BORDEAUX . . .	1204	47 25	23 65	283 40

Nota. — Chaque émigrant a droit au transport gratuit de **100** kilog. de bagages.

Les Enfants de 3 à 12 ans paient demi-place et jouissent du transport gratuit de **50** kil. de bagages.

Au-dessous de 3 ans, les Enfants ne paient pas et n'ont droit à aucun bagage en franchise.

Les excédants de bagages sont taxés d'après les prix fixés ci-dessus. Ces prix s'appliquent :

De **0** à **5** kilog. par fraction indivisible de **5** kilog.

De **5** à **10** kilog.   id.   id.   de **10** kilog.

Au-dessus de **10** kilog.   id.   id.   de **10** kilog.

Il sera ajouté **10** centimes pour enregistrement ; ce droit sera perçu par la Compagnie expéditrice seule.

Homologué, à titre provisoire, par décision ministérielle du 30 septembre 1859.

4° FRAIS DIVERS

TARIF DES FRAIS DE DOUANE

Applicables aux Marchandises remises à la Compagnie pour être transportées de France en Suisse,
et réciproquement.

DÉSIGNATION DES MARCHANDISES.	FRAIS	
	A LA SORTIE de France.	A L'ENTRÉE en France.
	F. C.	F. C.
1° EXPÉDITION COMPOSÉE D'UN SEUL COLIS :		
De 0 à 100 kilog.	0,15	0,25
Au-dessus de 100 kilog. — Par chaque 100 kilog.	0,10	0,10
2° EXPÉDITION COMPOSÉE DE PLUSIEURS COLIS :		
De 0 à 500 kilog. — Par colis	0,10	0,10
Au-dessus de 500 kilog. — Par chaque 100 kilog.	0,10	0,10
3° MARCHANDISES EN VRAC OU SOUS EMBALLAGE VOYAGEANT PAR WAGONS COMPLETS DE 5,000 KILOG. AU MOINS :		
Par 1,000 kilog.	0,25	0,50
4° Houilles et minerais de fer . .)		
Pierres de taille . . . . . } Par wagon.	0,25	0,25
Ciments, chaux et plâtres . .)		
5° Planches et lattes. . . . . .)		
Fers en barres ou en paquets .		
Fontes brutes et tôle forte . .		
Rails, coussinets et éclisses. } Par wagon.	0,50	0,50
Céréales, blés, avoines, farines, etc., etc.		
Sels marins et gemmes . . .)		
6° LIQUIDES EN FUTS :		
Pièces de 0 à 210 litres. — Par colis	0,25	0,25
Pièces au-dessus de 210 litres. — Par hectolitre .	0,10	0,10
7° VALEURS :		
De 0 à 1,000 francs	0,25	0,25
Au-dessus de 1,000 francs. — Par 1,000 francs. .	0,15	0,15
8° FINANCES :		
De 0 à 1,000 francs	0,10	0,10
Au-dessus de 1,000 francs. — Par 1,000 . . .	0,05	0,05

OBSERVATIONS

MARCHANDISES :

Au-dessus de 100 kilog., la perception aura lieu par fraction indivisible de 100 kilog., soit 101 kilog. comme 200, et ainsi de suite.

VALEURS ET FINANCES :

Au-dessus de 1,000 fr. la perception aura lieu par fraction indivisible de 1,000 fr., soit 1,001 fr. comme 2,000, et ainsi de suite.

N.-B. — Ces prix ne comprennent pas les droits de Douane ou de Régie, ni les déboursés pour plombs, cordes, timbre des acquits dont le montant sera réclamé sur production de quittance.

Approuvé, à titre provisoire, par décision ministérielle en date du 21 décembre 1858.

N° 2.

TARIF DES FRAIS DE COMMISSION EN DOUANE

APPLICABLES A CULOZ AUX MARCHANDISES EN PROVENANCE OU A DESTINATION
DES ETATS-SARDES.

EXPÉDITION COMPOSÉE D'UN OU DE PLUSIEURS COLIS.	MARCHANDISES EN VRAC.	SELS DE MER ET SELS GEMMES.
Par Colis.	Par Tonne.	Par Wagon.
0 f. 25 c.	1 f.	0 f. 50 c.

NOTA. Toutes les formalités de douane, à l'entrée comme à la sortie, sont faites par les Agents de la Compagnie, moyennant le paiement, pour chaque bureau, des prix fixés ci-dessus.

Ces prix ne comprennent pas les déboursés pour plombs, cordes et timbres des acquits, ni les droits proprement dits de douane ou de régie, dont le montant est justifié sur production de quittance.

Au-dessus de 100 kilog., la perception aura lieu par fraction indivisible de 100 kilog., soit 101 kilog. comme 200 et ainsi de suite.

NOMENCLATURE

DES MARCHANDISES EXONÉRÉES DES FRAIS DE COMMISSION EN DOUANE.

Animaux vivants.	Châtaignes et Marrons	Fil de fer.	Noix.
Anthracite.	Chaux.	Fonte brute.	Os et cornes de bétail
Ardoises.	Ciments.	Fromages.	bruts.
Argiles.	Cokes.	Graines de prairies.	Pierres à plâtre et à
Asphalte.	Cuivres bruts en bar-	Houille.	chaux.
Bois de construction	res, en lingots et	Lignites.	Plâtre moulu.
en grume, en plan-	en planches.	Maïs.	Pommes de terre.
ches et plateaux.	Ecorces.	Matériaux de toute	Racines à vergettes.
Briques.	Engrais.	espèce.	Riz en grains.
Céréales.	Farines. [en bottes	Minerais de toute sorte	Tuiles.
Charbons de bois.	Fers bruts en barres et	Noisettes et avelines.	

Approuvé, à titre provisoire, par décision ministérielle du 8 février 1859.

TABLE
DES MATIÈRES.

TARIFS SPÉCIAUX.

BILLETS D'ALLER ET RETOUR A PRIX RÉDUITS.

TARIFS COMMUNS.

FRAIS DIVERS.

Lyon. Imp. et Lith. SENOCQ-RONET, rue Grenette, 31.

www.ingramcontent.com/pod-product-compliance
Lightning Source LLC
Chambersburg PA
CBHW070817210326
41520CB00011B/1993